10秒奇蹟拉提術

不靠醫美的自然逆齡可能

抗老設計師
村木宏衣

U0539601

楓葉社

前言

拿下口罩後，我震驚地發現，臉竟然比以前更顯老態。嘴角、眼周、臉頰和下巴都變得鬆弛，皺紋和法令紋也比以前更明顯了。

相信最近有許多成年女性也有過這樣的經驗。造成臉部老化的原因，不只是年齡。新冠肺炎疫情期間，因社交機會減少，說話或微笑等表情活動大幅減少，導致臉部表情肌未被使用，漸漸衰退。此外，長時間戴口罩造成耳朵受到拉扯、鼻部被壓迫，讓臉部與頭部的血液及淋巴循環變差，這也是臉部鬆弛的重要原因。

生活型態劇變帶來的壓力，讓愈來愈多女性出現咬緊牙關的習慣，導致頭部與臉部肌肉嚴重僵硬。

無法外出的期間，大家對手機與電腦的依賴大幅增加，肩頸僵硬變得稀鬆平常，姿勢也變差。肩膀、脖子與頭部的緊繃，會進一步影響臉部，

讓臉部肌肉也變得僵硬緊繃。

為了幫助這些成年女性，我設計了村木式「抗鬆弛拉提術」，能有效消除臉部鬆弛。透過深層放鬆肌肉緊繃部位，促進血液與淋巴流動，恢復肌膚彈性，從根本上拉提下垂部位。

針對頭部僵硬問題所推出的《10秒で顔が引き上がる 奇跡の頭ほぐし（10秒拉提臉部的奇蹟頭部按摩，暫譯）》，以及從眼部以外部位著手、有效舒緩眼周疲勞的《10秒で疲れがとれる 奇跡の目元ほぐし（10秒消除疲勞的奇蹟眼部按摩，暫譯）》，能受到這麼多人的青睞並真正發揮作用，我感到非常開心與感激。這次，我將傳授一套能直接作用於引起臉部鬆弛的肌肉與骨骼的調整方法。

臉部鬆弛不僅出現在臉頰與眼周，鼻下與口腔內也很常見。村木式「抗鬆弛拉提術」能全面緊緻各部位，讓臉龐重拾年輕，表情更生動有神。

每天只需花上幾十秒即可。持之以恆，便能喚回臉部的緊緻彈力，讓您展現出比口罩生活前、甚至比10年前還要可愛又有朝氣的模樣。誠摯邀請您體驗村木式「抗鬆弛拉提術」，盡情享受口罩解禁後的新生活。

CONTENTS

10秒奇蹟拉提術 不靠醫美的自然逆齡可能

PART 1

PART 2

PART 5

斑點、皺紋並不是全部！自己也不易察覺的「鬆弛徵兆」

最近摘下口罩後，總覺得自己有些老態。每次照鏡子，那種「說不上來」的違和感，其實很多人還未察覺真正原因。

最容易被注意到的，往往是眼尾或嘴角的皺紋，但如果仔細觀察，就會發現臉上的各個部位，其實已經出現「鬆弛徵兆」。這裡要提醒一些自己不容易察覺的鬆弛重點。

如果你發現自己最近變得比較常用力咀嚼，務必要留意。隨著年齡增長，上顎會受到重力影響而下垂，或因為咬緊牙關導致口腔變窄，進而出現咀嚼頻繁的情況。當進入這個狀態時，下巴下方也會開始鬆弛。

也別忽視人中的鬆弛。當鼻子與嘴巴之間的距離拉長、上唇變薄、嘴角下垂時，法令紋與淚溝也會變得更深，使人看起來更顯老態。

此外，當臉部或頭部出現僵硬時，肌肉會被拉向異常的方向，造成臉部與鼻子向兩側或下方擴張，導致鬆弛與臉型變大。

臉部的鬆弛往往是多重原因造成的。一旦察覺變化，就該立刻開始保養與對應行動。

看起來顯老了！！
意想不到的「鬆弛徵兆」

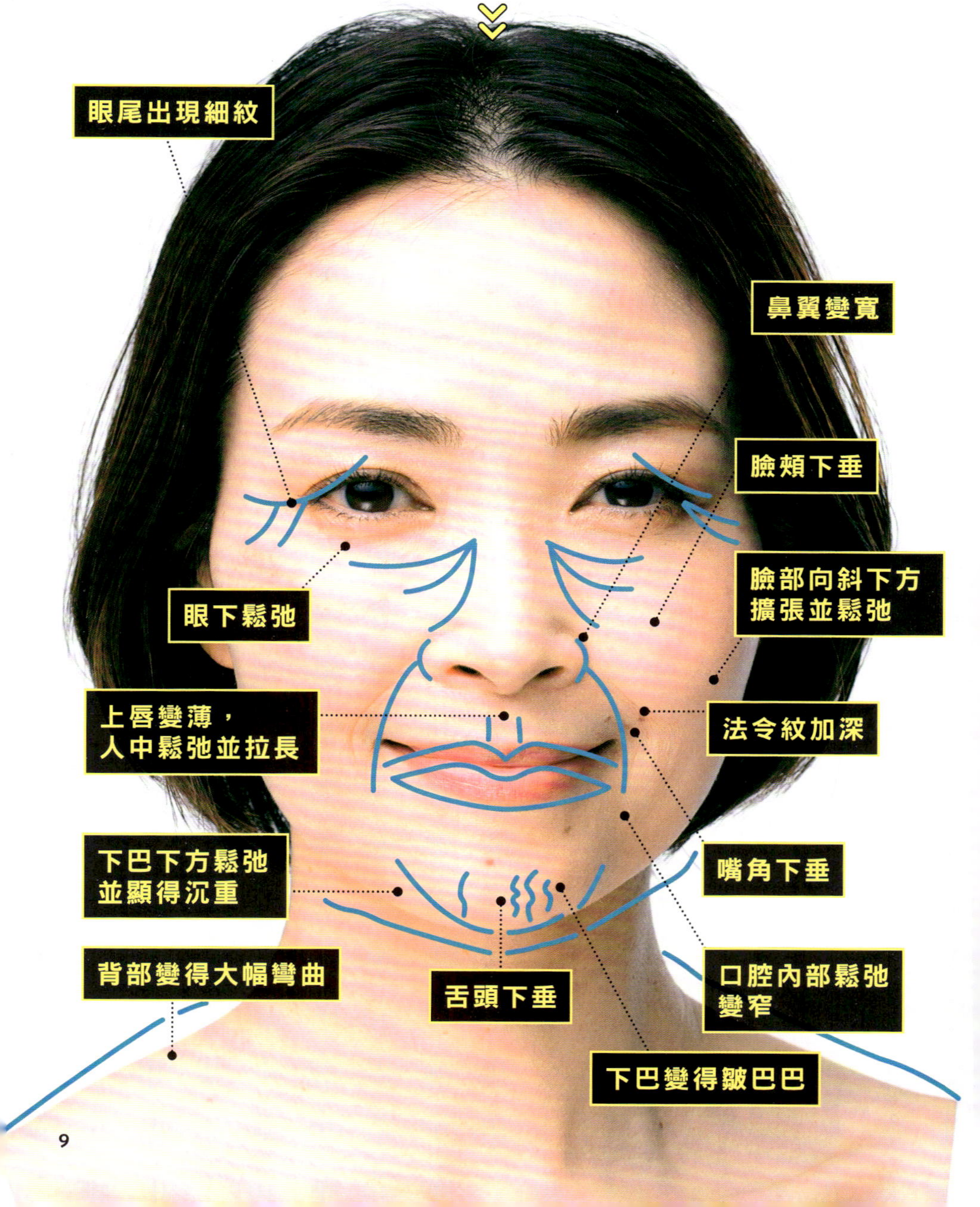

讓人在意的「鬆弛徵兆」 1

「臉往斜下鬆弛，導致臉變大」

原因是……

☑

因為壓力或過度使用眼睛，
顳肌變得緊繃，
臉部肌肉被拉扯，
導致臉頰無法被有效拉提。

☑

前傾的姿勢會讓頸部肌肉僵硬，
並使下巴前移並固定。

☑

咬緊牙關的肌肉肥大，
造成臉頰向斜下方被拉扯並鬆弛。

臉頰下垂、法令紋加深是老化的代表性徵兆。提到「鬆弛」，通常會聯想到向下垂的印象，但實際上是因為支撐臉頰的主要肌肉，咬肌的拉扯，導致臉頰會斜向下垂。

咬肌也叫做咀嚼肌或咬緊牙關肌，是咀嚼時使用的肌肉。當我們在睡眠中無意識地咬緊牙關時，這些肌肉會不知不覺地變大，導致下顎變寬。

咬肌與頭部兩側的顳肌相連，如果顳肌被咬肌拉扯並持續緊繃，便會使支撐臉頰的力量變弱，導致鬆弛固定並向斜下方擴展，最終造成臉型變大。

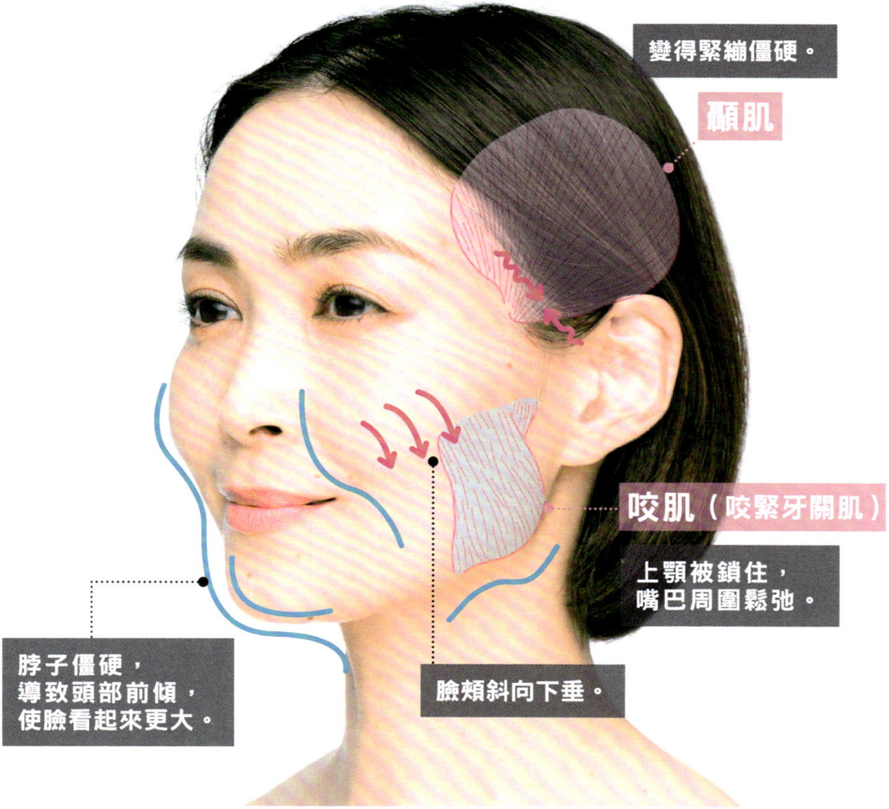
變得緊繃僵硬。
顳肌
咬肌（咬緊牙關肌）
上顎被鎖住，
嘴巴周圍鬆弛。
臉頰斜向下垂。
脖子僵硬，
導致頭部前傾，
使臉看起來更大。

讓人在意的「鬆弛徵兆」2

「下巴出現皺紋、鬆垮沉重」

原因是……

☑

因為咬緊牙關使咬肌變得僵硬，
無法支撐拉提臉部線條，
導致下巴鬆弛。

☑

肩膀和脖子僵硬、背部彎曲，
使下巴前移而鬆弛。

☑

口輪匝肌鬆弛，變成依靠
下巴的頦肌來閉嘴，導致皺紋產生。

雖然不是變胖，但下巴下方卻鬆垮無力，看起來像梅干般皺巴巴。這多半是臉部或頭部肌肉僵硬、衰弱，加上姿勢不良所致。

其中最需要注意的是咬緊牙關的習慣。其實有很多人都會在不自覺中緊咬牙齒。

當咬肌和顳肌變得僵硬時，拉提臉部線條的力量會減弱。而當口輪匝肌衰弱時，位於下巴尖端的頦肌便會代為出力以閉上嘴巴，結果反而讓下巴過度收縮，產生皺紋，變成像梅干一樣皺巴巴的下巴。

此外，駝背或肩頸僵硬會導致脖子前傾，下顎也會跟著突出，進一步造成下巴鬆弛與臉型下垂。

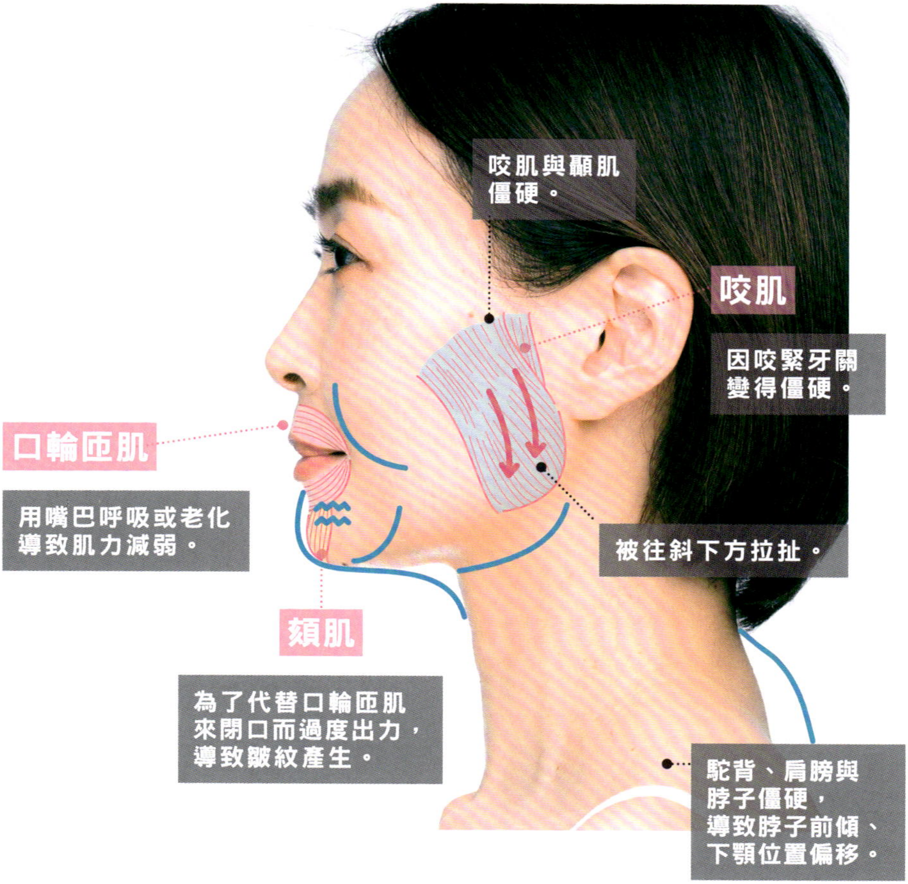

咬肌與顳肌
僵硬。
咬肌
因咬緊牙關
變得僵硬。
口輪匝肌
用嘴巴呼吸或老化
導致肌力減弱。
被往斜下方拉扯。
頦肌
為了代替口輪匝肌
來閉口而過度出力，
導致皺紋產生。
駝背、肩膀與
脖子僵硬，
導致脖子前傾、
下顎位置偏移。

讓人在意的「鬆弛徵兆」3

「上唇變薄、人中變長」

原因是……

☑

隨著年齡增長，

負責拉提上唇的肌肉

變得無力。

☑

由於**用嘴呼吸**，

口部與鼻周圍的肌肉鬆弛並衰退。

☑

長時間戴口罩導致

鼻子受到壓迫，處於浮腫狀態。

隨著年齡增長，臉部整體會變得較為鬆弛、重心下移。雖然不易察覺，但「鼻子」周圍也會出現鬆弛現象。

拉提上唇的上唇提肌與大小顴肌力量減弱，導致上唇變薄，鼻子下方區域拉長，看起來顯老。

負責拉提嘴角的提口角肌也會衰退，使嘴型變成不悅的下垂形，法令紋也因此變得更加明顯。由於臉頰鬆弛與肌肉僵硬，鼻翼也會被牽引而向外擴張。長時間戴口罩造成鼻部壓迫，以及因用嘴呼吸導致鼻部肌肉不再使用，也是讓鼻子變大的原因之一。為了避免顯老，人中部位的鬆弛保養也不可忽視。

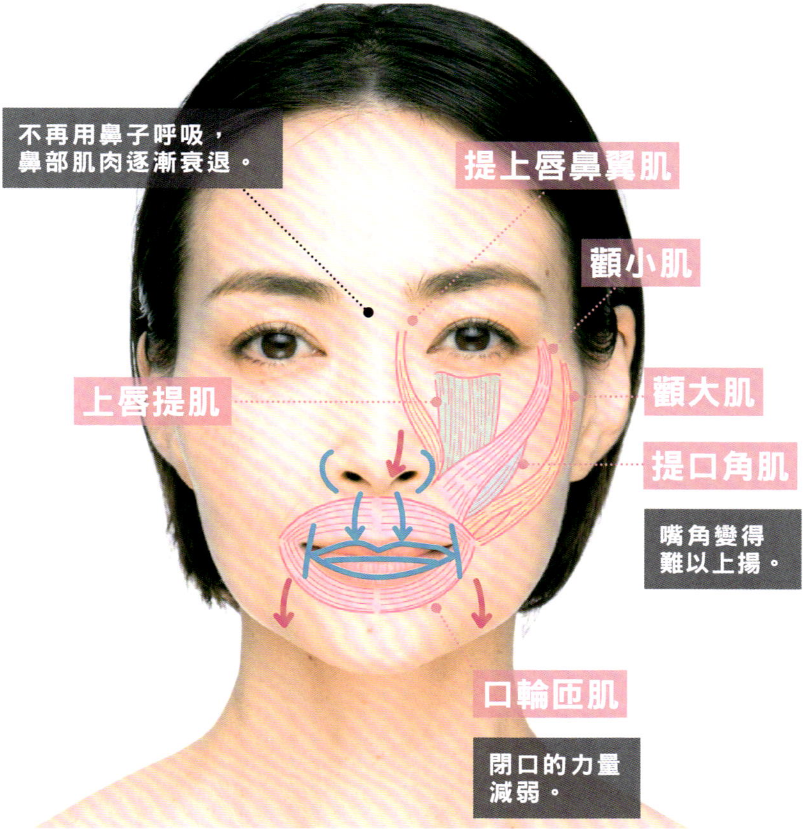
不再用鼻子呼吸，
鼻部肌肉逐漸衰退。
提上唇鼻翼肌
顴小肌
上唇提肌
顴大肌
提口角肌
嘴角變得
難以上揚。
口輪匝肌
閉口的力量
減弱。

讓人在意的「鬆弛徵兆」4

「背部向外擴張，身形輪廓顯老」

原因是……

☑

肩膀、脖子、背部僵硬，
腹部肌力衰退，
以及**使用手機**導致的駝背姿勢。

☑

駝背與內捲肩使得
肩胛骨向外擴張。

☑

臉部的血液循環變差，
導致脂肪更容易堆積。

「從背影就能看出年齡」這句話可不是假的。當脖子、肩膀、背部僵硬，身體前側的肌肉衰退，再加上長時間操作手機或電腦造成的駝背姿勢，會讓肩胛骨向外擴張並下垂，導致身形變得圓滾滾、老態顯現。

最令人擔心的是，當脖子的胸鎖乳突肌，以及肩膀與背部的肌肉僵硬、姿勢變差時，從身體與頭部背後拉提臉部的力量會變弱，直接導致鬆弛。脖子前傾會造成雙下巴，臉頰也會變得鬆垮。

因此，維持正確的姿勢，並定期放鬆全身肌肉，是預防顯老的重要關鍵。

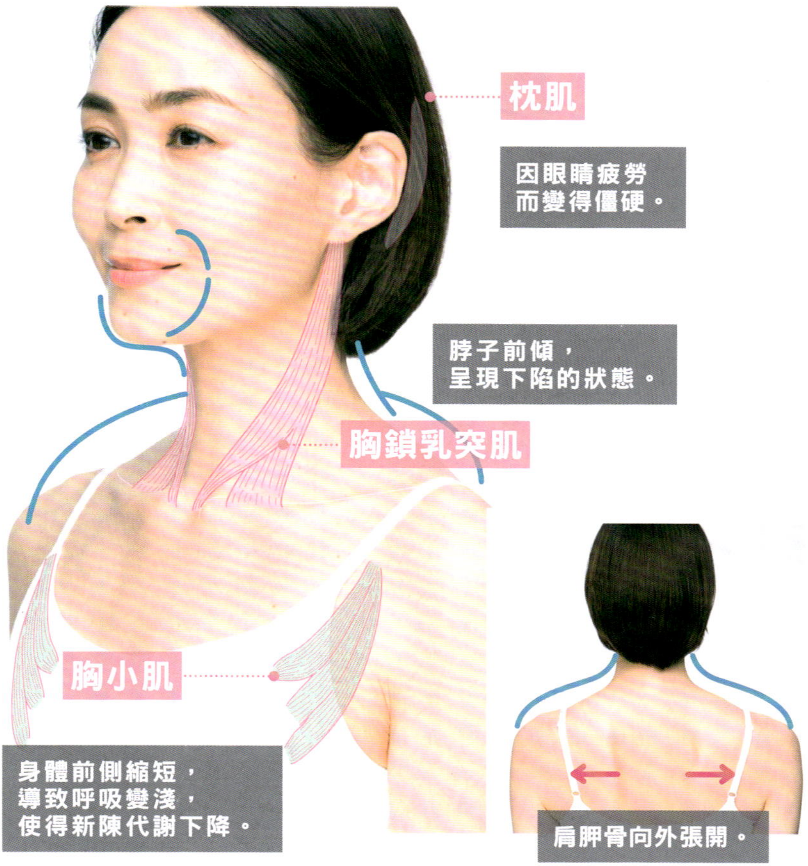
枕肌
因眼睛疲勞
而變得僵硬。
脖子前傾，
呈現下陷的狀態。
胸鎖乳突肌
胸小肌
身體前側縮短，
導致呼吸變淺，
使得新陳代謝下降。
肩胛骨向外張開。

目標是打造「中央較高」的立體感臉龐！

那麼，回頭來看，年輕的臉龐是什麼樣子呢？

那就是「中央較高的臉」。

包含臉部在內的頭部形狀接近球體。如果這個球體表面光滑，就看起來年輕；若有下垂或陰影，則會顯得老態。

為了讓臉部接近光滑的球體，臉部的中央需要比較高。雙頰圓潤豐滿，眼皮不下垂；鼻樑高挺，人中短小；上唇和嘴角微微上揚；下巴和下顎線條緊實。理想的臉型應該是這樣的立體感。

許多抗老化按摩方法會有斜向上拉的動作，但為了展現中央的高度，上拉或垂直拉動也非常重要。僅僅斜向上拉，會讓臉部看起來較平坦。

村木式「抗鬆弛拉提術」除了有斜向上的拉提動作，還加入了向上或垂直方向的拉提，這是一種讓臉部更接近理想球體的方式。可以讓臉部中心顯得更加豐滿，無論從斜側或正面看，都能感受到年輕的氣息。

向上拉提，讓中央更高！

上揚的眼皮
筆直高挺的鼻樑
豐滿而
圓潤的雙頰
微微上揚的嘴角
人中短小，
上唇豐盈
沒有下垂的
修長頸部
緊實的下巴

拉提效果中，
耳部護理是非常有效的！

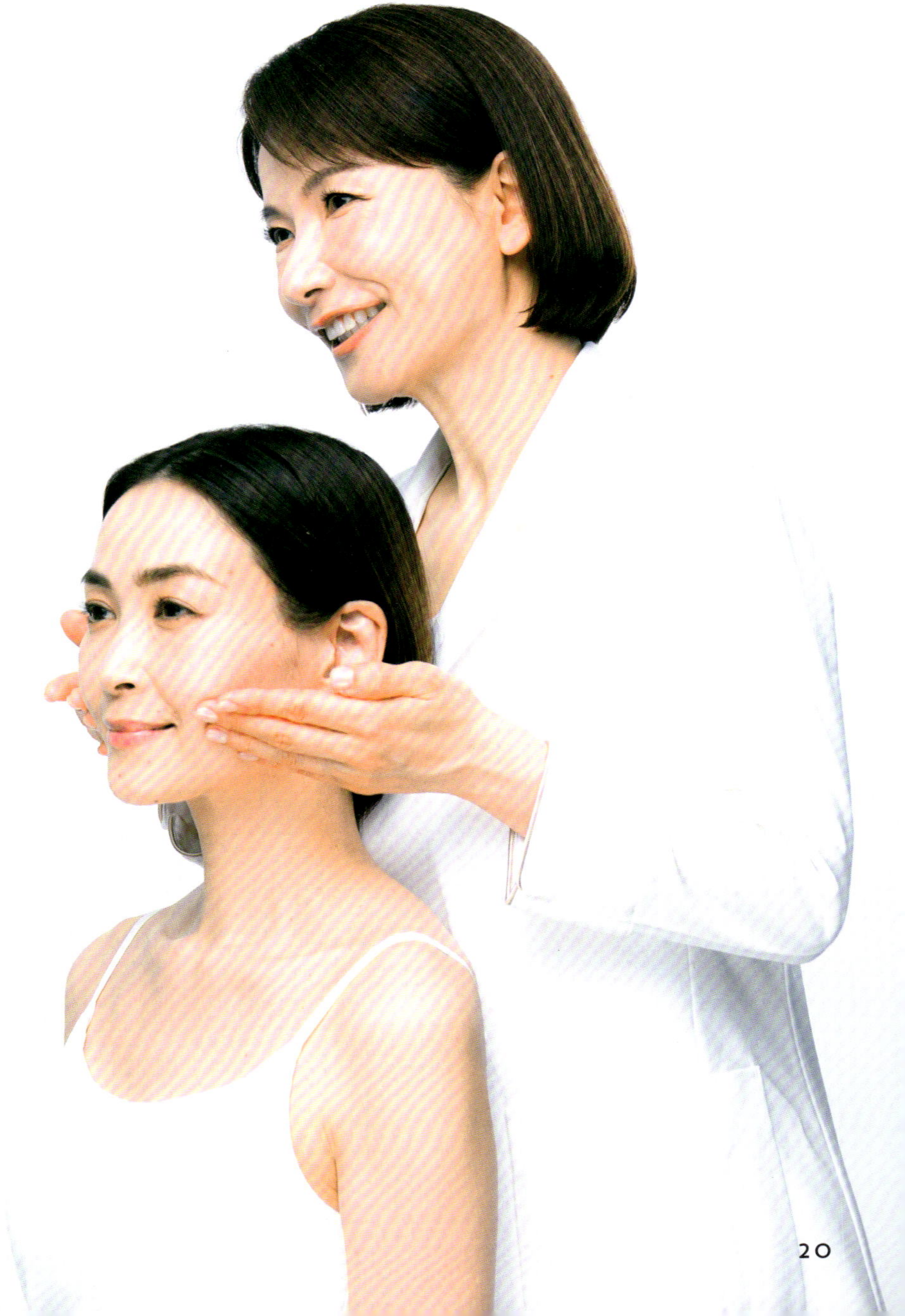

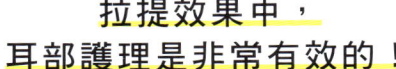

村木式「抗鬆弛拉提術」10秒內擁有豐盈立體的臉龐！

為了打造「中央高」的年輕面容，我在著作《奇跡の頭ほぐし（奇蹟頭部按摩，暫譯）》中提出的頭部按摩法相當有效。透過舒緩頭部緊繃，可迅速拉提整張臉的肌肉，改善血液與淋巴流動，讓臉龐恢復緊實，這非常值得一試。不過這次，我更進一步發明了更高效的「抗鬆弛拉提術」。

這次的重點是耳部周圍。接下來的頁面將詳細說明，耳部周圍集中著連接頭部與臉部的血管與淋巴管。也就是說，放鬆耳部周圍，可同時照顧頭部與臉部。若耳部周圍獲得放鬆，頭部舒緩的效果也會進一步提升。

此外，這次我會詳細教你如何消除那些不容易察覺，卻是讓臉部顯得老態的重要因素，例如人中的「鬆弛徵兆」。這些長久以來未被照顧的部位也能大大改善。只要每天持續10秒，即使是微小的練習，也能讓你的外觀年齡回到10年前。這是我從多年沙龍經驗中總結出的最新「抗鬆弛拉提術」方法，真心希望你能嘗試。

頭部、臉部和頸部的中繼點，透過舒緩耳部，可以提升臉部的拉提力量

耳部與臉部、頭部、頸部相連。耳朵周圍集中著從心臟通往頭部和臉部的大血管及淋巴結。還有許多作用於各個器官和內臟的穴位與反射區。並且，耳部通過耳廓肌與頭部、臉部、頸部的肌肉相連接。

請用手指稍微用力拉一下耳朵。如果你感到疼痛或刺激，那麼耳朵周圍的肌肉可能變得僵硬，血液和淋巴的流動也變差。由於長時間佩戴口罩，許多人耳朵周圍的肌肉被壓迫，變得緊繃。這些耳朵周圍的緊繃感，也是導致臉部鬆弛與浮腫的重要原因。

如果舒緩耳部，臉部的循環會立即變得更好，鬆弛也會被拉提起來。持續進行這個方法，整個身體都會變得更年輕，這並不誇張。耳部的舒緩不必擔心掉妝，白天也可以隨時進行保養，保持緊實的臉部。

耳朵周圍的肌肉、血管和淋巴結

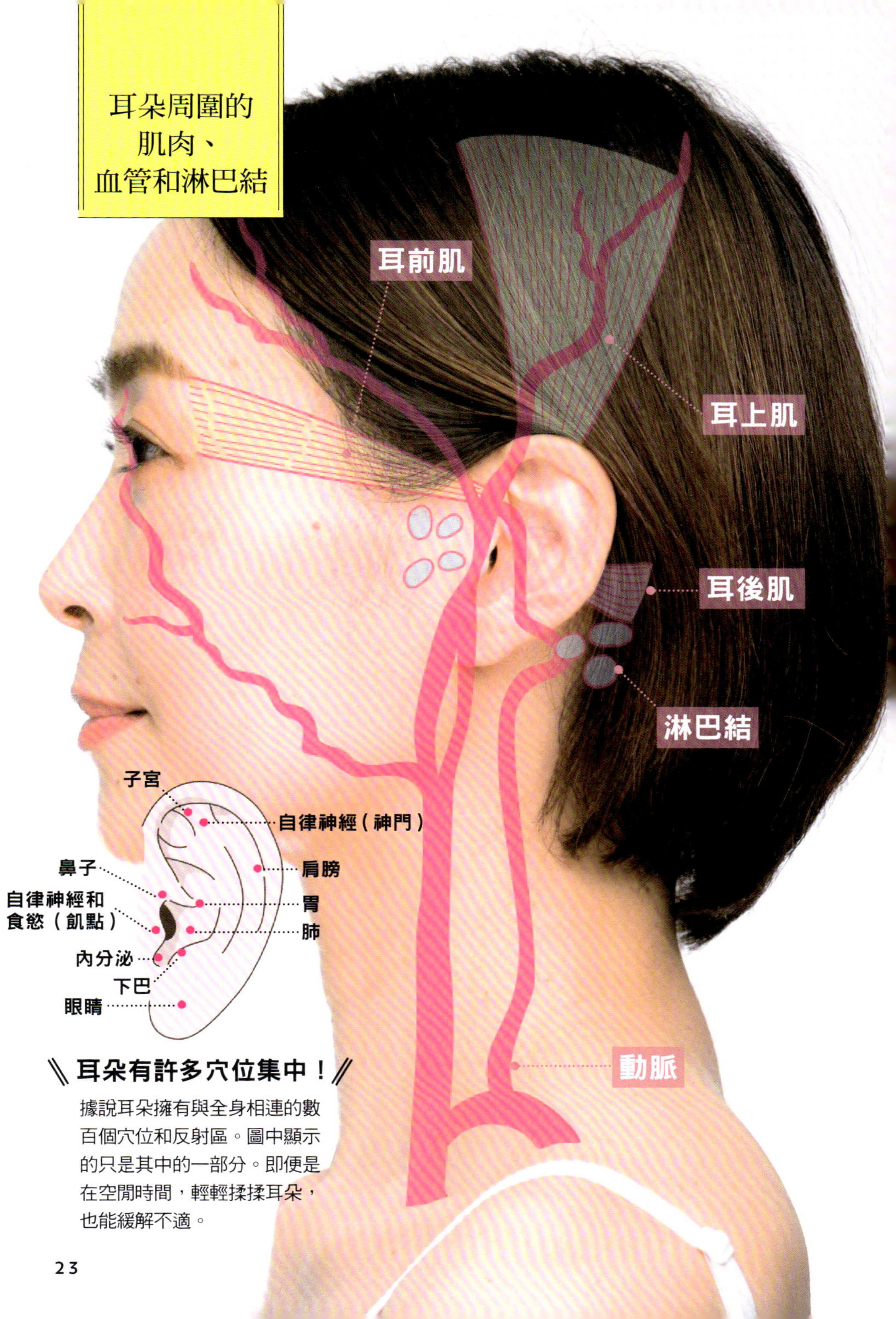

耳朵有許多穴位集中！

據說耳朵擁有與全身相連的數百個穴位和反射區。圖中顯示的只是其中的一部分。即便是在空閒時間，輕輕揉揉耳朵，也能緩解不適。

村木式
「抗鬆弛拉提術」
透過放鬆肌肉
的緊繃，
恢復彈性，
重置臉部的
下垂！

村木式之所以有效的原因

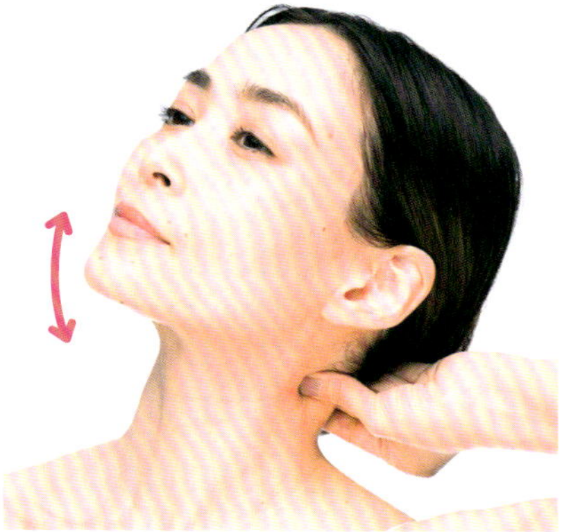

即使力量不足，也能從深處徹底放鬆

與強力的按摩不同，村木式是透過輕柔施壓進行，即使力道較弱也沒問題！

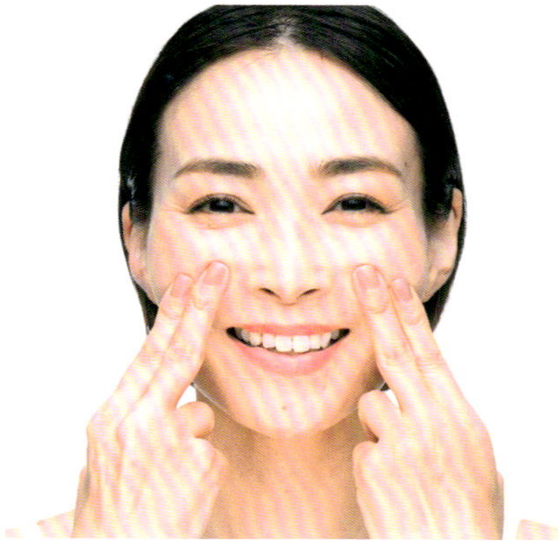

對肌肉垂直施壓，恢復彈性

用指腹抓住肌肉，垂直施壓，深入放鬆，促進血流，恢復肌膚彈性。

村木式的核心方法是恢復肌肉的彈性。

肌肉無論過度使用或不使用，都會收縮，導致失去彈性與緊實感。當肌肉變得僵硬時，其泵浦功能會下降，導致血液與淋巴的流動停滯，進而出現鬆弛與皺紋等老化現象。

用指腹抓住肌肉，輕柔施壓，從深處揉捏放鬆，肌肉會變得更加柔軟，下垂的臉部也會被拉緊。

在數十秒內，你會感覺到臉部被上提，但只要每天持續進行，彈性就能維持，像彈回來的彈力一樣。請持續進行！

體驗
Before → After

只需10秒，臉部印象大不同！村木式「抗鬆弛拉提術」逆齡有感

我們邀請了幾位受「鬆弛徵兆」困擾的成熟女性，體驗村木式「抗鬆弛拉提術」。主要施作的是第36～42頁所介紹的方法。僅僅一次施作，外觀年齡就明顯變得更年輕；持續1個月後，神采奕奕，彷彿整個人都變了！

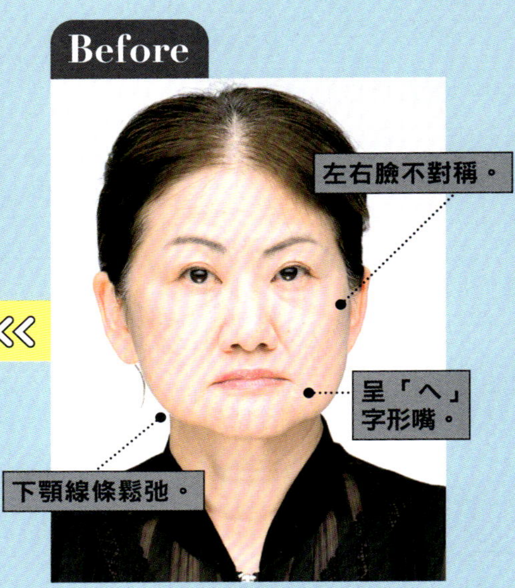
Before
左右臉不對稱。
呈「へ」字形嘴。
下顎線條鬆弛。

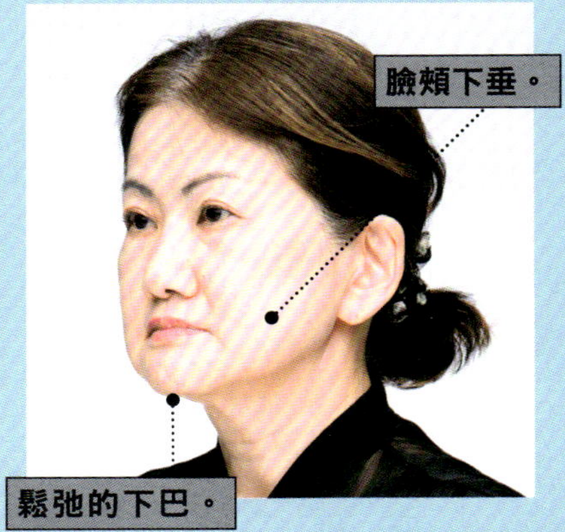
臉頰下垂。
鬆弛的下巴。

嘴角下垂，看起來一臉不悅。臉頰的寬度左右不對稱，還出現歪斜的現象。

＼ 好舒服喔！／

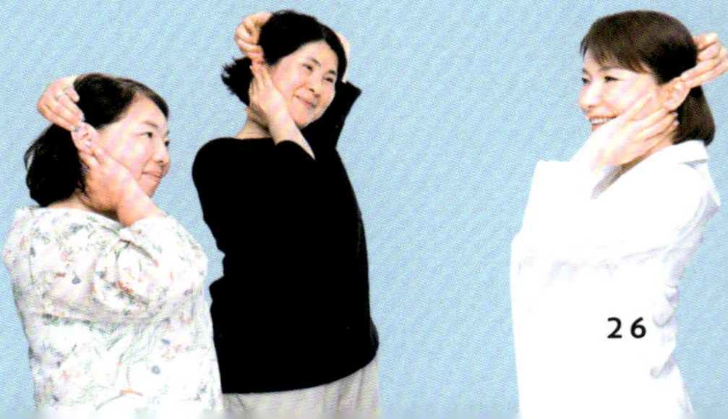

下垂的臉頰拉提上升，表情變得柔和！

1 個月後

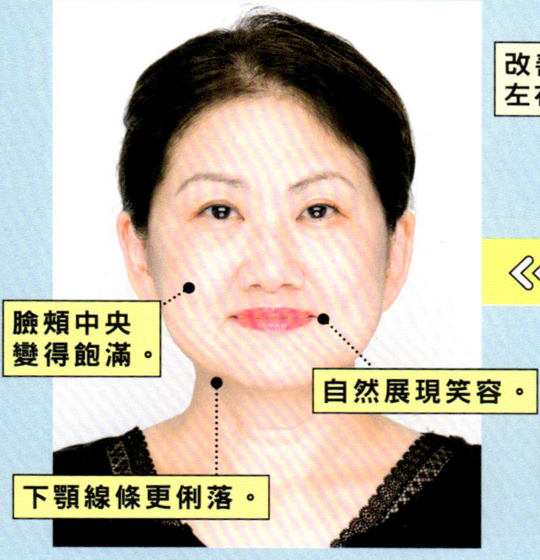
臉頰中央
變得飽滿。
自然展現笑容。
下顎線條更俐落。

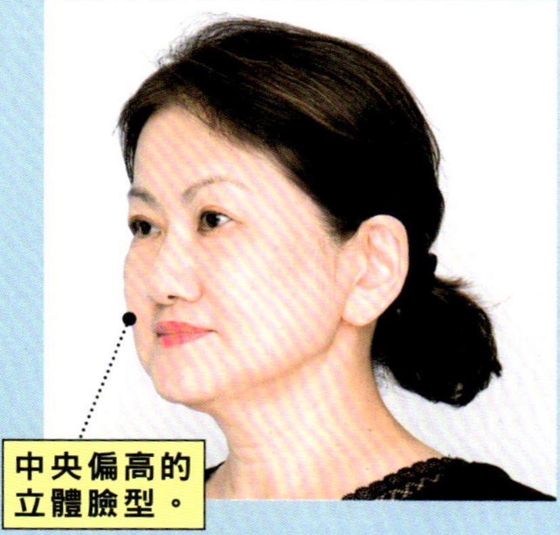
中央偏高的
立體臉型。

從橫向寬大的方形臉，轉變為蛋型臉。輪廓變得更俐落，頸部也看起來更修長。

1 次的保養

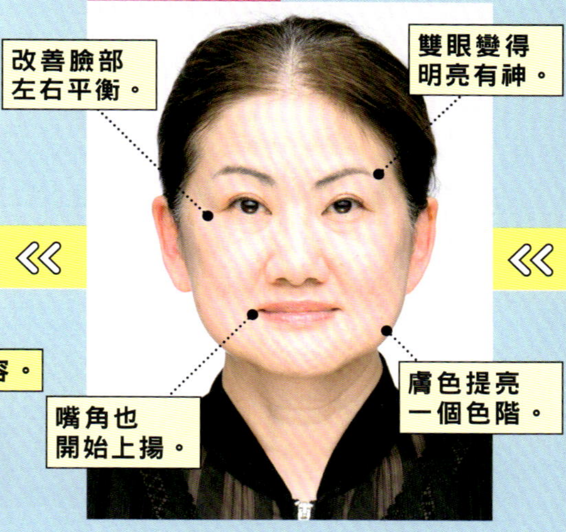
改善臉部
左右平衡。
雙眼變得
明亮有神。
嘴角也
開始上揚。
膚色提亮
一個色階。

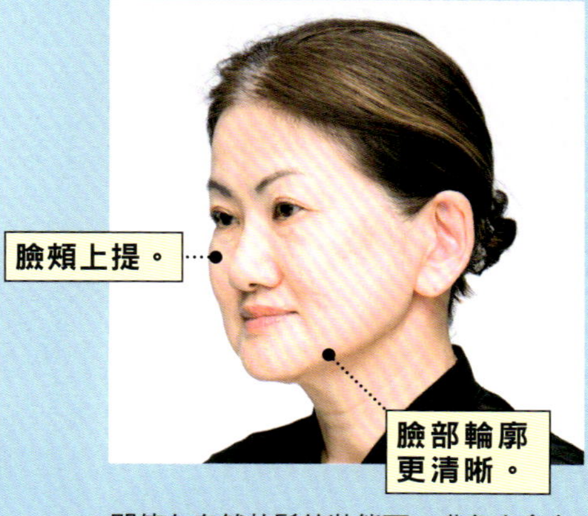
臉頰上提。
臉部輪廓
更清晰。

即使在自然放鬆的狀態下，嘴角也會上揚，臉頰變得更有立體感，整體看起來更加年輕。

原本僵硬的臉
像解凍了一樣！
表情變得更容易表現

» **N**小姐

Before

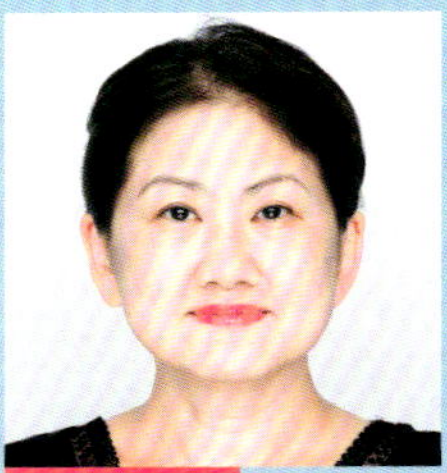

1個月後

以前經常被人問「你生氣了嗎？」隨著年齡的增長，臉頰下垂，嘴角也難以上揚，看起來容易給人不高興的印象。由於有顳顎關節症候群，開口困難，平常臉部肌肉也不常活動，這可能是原因之一。

試過村木式「抗鬆弛拉提術」後，光是做「耳朵呼吸」（參見第42頁），就能感覺到臉部的血液循環開始變好。「鬆弛肌舒筋術」（參見第38頁）一開始非常疼痛，能明顯感受到臉部肌肉緊繃，動作也不靈活。做了第36～42頁的改善法後，僵硬的表情變得柔和，嘴角也上揚，讓我感到非常驚訝。

1個月以來，每天早晚洗臉後持續進行，我發現下巴的開合變得更順暢，頭痛和耳鳴的次數也減少了。朋友們也說：「你的眼睛變大了！」聽到這樣的話讓我很高興。我自己也覺得臉頰變得更有彈性，像鬥牛犬般的法令紋也變淺了。整個身體也變得更輕鬆，早上起來不再那麼辛苦，這些效果讓我感到非常開心。

眼睛變得明亮，下巴變得俐落，頸部更修長

>> K小姐

第一次做的時候，我驚訝於自己開始微微出汗，視野也變得更加明亮。眼睛能夠完全睜開的感覺，已經很久沒體驗過了。

後來我習慣在洗手間做「抗鬆弛拉提術」，回家時女兒說：「妳的下巴露出來了，眼睛也變大了吧？」讓我真切感受到效果！

Before

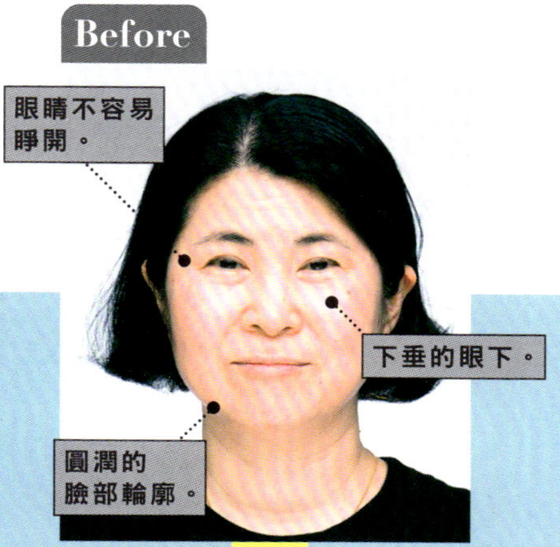
眼睛不容易
睜開。
下垂的眼下。
圓潤的
臉部輪廓。

1次的保養

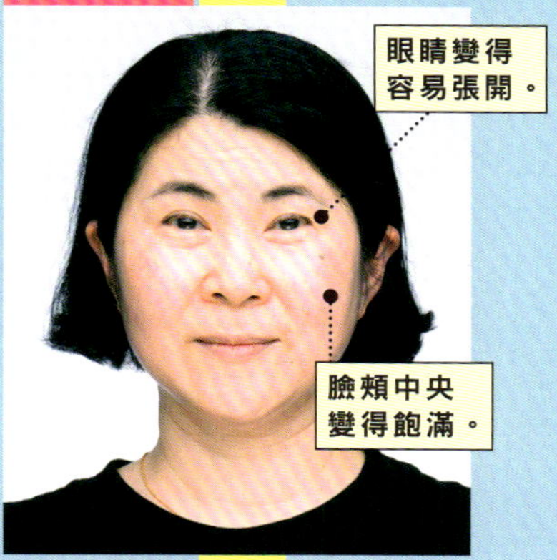
眼睛變得
容易張開。
臉頰中央
變得飽滿。

1個月後

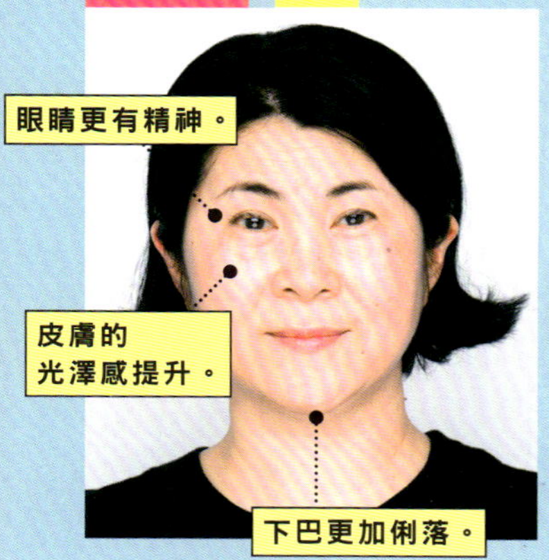
眼睛更有精神。
皮膚的
光澤感提升。
下巴更加俐落。

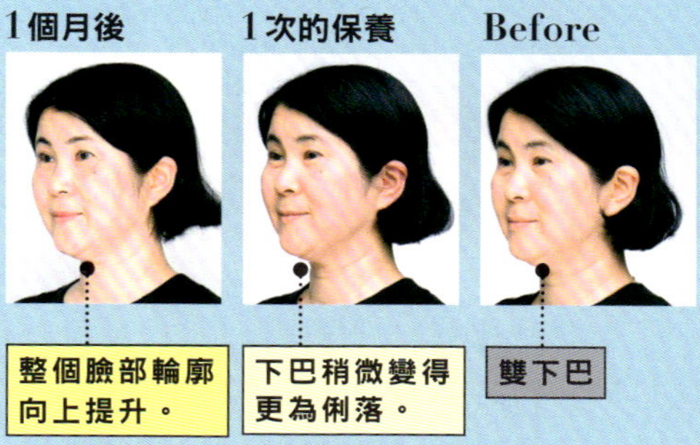
1個月後
1次的保養
Before
整個臉部輪廓
向上提升。
下巴稍微變得
更為俐落。
雙下巴

浮腫的眼皮
變得清爽！
臉頰也緊緻上提！

K小姐

我全身都很僵硬，美髮師還說我「頭很硬」。光是碰觸耳朵就會覺得痛，不過能感受到身體變暖、血液循環變好了，眼皮也變得更輕盈！持續1個月後，發現臉頰與嘴角都有明顯上提，法令紋也變淡了，膚色也變得更明亮。

Before

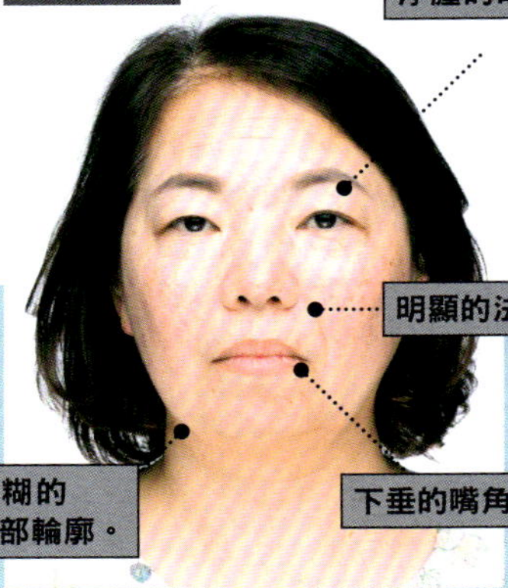
浮腫的眼皮。
明顯的法令紋。
模糊的臉部輪廓。
下垂的嘴角。

1次的保養

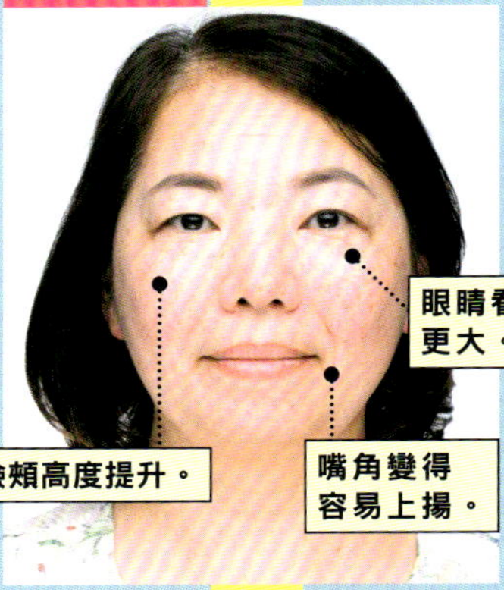
眼睛看起來更大。
臉頰高度提升。
嘴角變得容易上揚。

1個月後

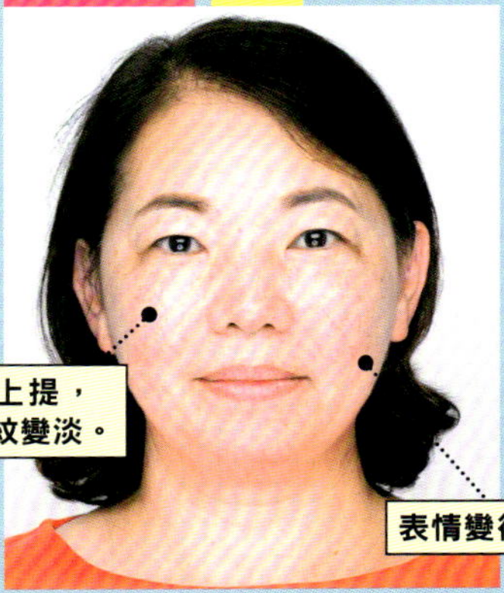
臉頰上提，法令紋變淡。
表情變得生動有神。

1個月後

下巴線條變俐落。

1次的保養

看得出下巴的輪廓。

Before

下巴線條鬆垮。

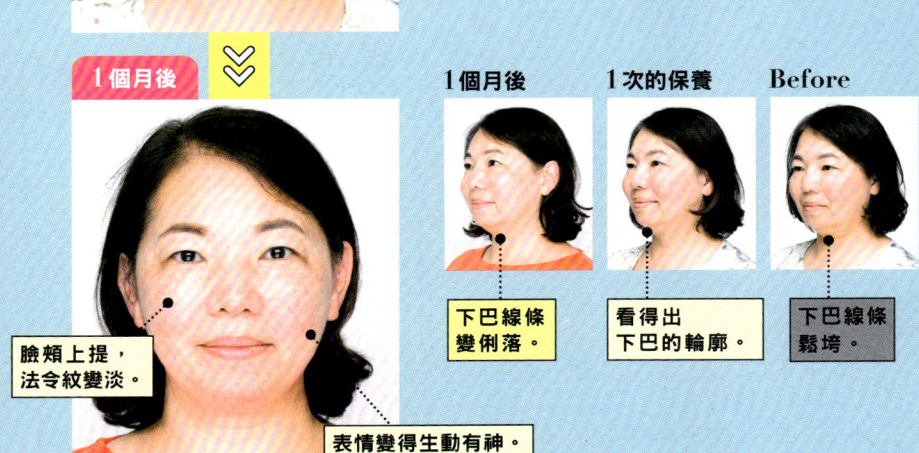

PART | 1 |

讓臉部最快回春！

立即見效的鬆弛拉提方法

透過放鬆連接頭部與臉部的耳朵周圍肌肉，恢復肌肉的彈性，可瞬間將整張臉拉提上去。比起單純只按摩頭部或臉部，更能有效率地達到即時的拉提效果。透過聚焦耳部的村木式「抗鬆弛拉提術」，打造出立體且年輕的臉龐吧。

使用化妝品
也無效的臉部
「鬆弛」，
放鬆耳部就能瞬間拉提起來。

隨著年齡增長，臉部的鬆弛也愈來愈明顯。臉頰、嘴角、眼周、臉部輪廓……逐漸變得鬆垮無力，給人沒有精神的印象，還會引發深層皺紋，成為顯老的重要原因。

相信成熟女性都深有體會……令人遺憾的是，臉部鬆弛光靠保養品並不容易解決。

要解決鬆弛問題，必須先解除臉部肌肉的僵硬，讓肌肉能正確運作，並改善血液與淋巴的循環，才能恢復肌膚的彈性與緊緻。

然而，成熟女性每天都很忙碌，可能很難騰出時間細心保養；也經常聽到有人說，按摩雖好，但手太累，無法持續。

正因如此，我們開發了專為成熟女性設計的村木式「抗鬆弛拉提術」，重點從耳朵開始著手。耳朵周圍與臉、頭、頸部的肌肉相連，還聚集了大量的血管、微血管與淋巴結。放鬆耳朵，就能高效改善臉部肌肉的運作與循環，達到拉提鬆弛的效果。而且放鬆耳朵不需要工具、不費時、不費力。

這套方法非常適合居家保養，也深受沙龍顧客的好評。越是持之以恆的人，臉部越顯得緊緻、氣色紅潤。不僅早晚保養時可以進行，白天也可時不時加強，能改善鬆弛，還能消除疲勞造成的暗沉。每天堅持10秒，先從今天開始試試看吧。

不只是臉部，放鬆耳朵還能改善全身的鬆弛與不適

耳朵是連接頭部、臉部與頸部的中繼點，同時也是血管與淋巴通往臉部的通道。此外，耳朵被稱為「全身的縮影」，集中著對應各個器官與臟腑的穴位與反射區。

換句話說，透過放鬆耳朵，可以促進全身的循環。反之，若耳朵僵硬，可能導致更容易發胖、身體鬆弛，甚至出現各種不適。

耳朵平時並不常被注意，卻是對健康與美容影響深遠的重要部位。當耳朵變硬時，也可能是身體發出的不適警訊。建議每天觸摸耳朵，留意變化，作為健康檢查的一部分。

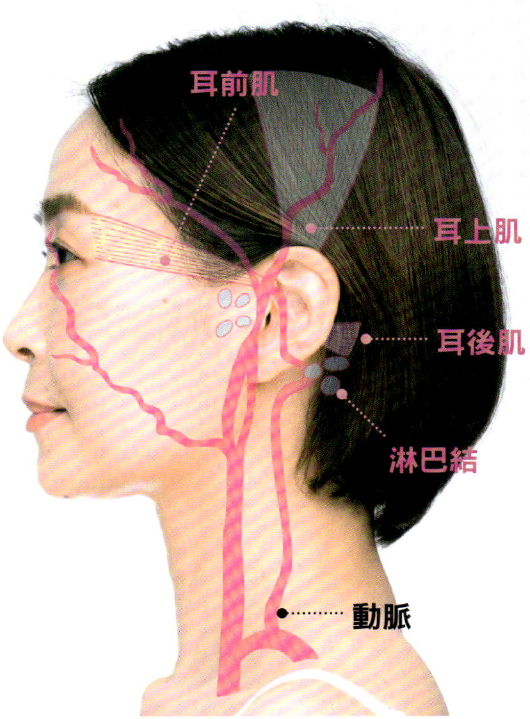
耳前肌
耳上肌
耳後肌
淋巴結
動脈

自律神經的平衡得以調整

耳朵集中了許多與自律神經相關的穴位。其中一個是位於耳朵上方凹陷邊緣的「神門」（參見第23頁）。耳朵外側與交感神經有關，中心部分則與副交感神經有關，透過刺激這些部位，有助於幫助自律神經達到平衡。

血液與淋巴流動瞬間變得順暢

通往臉部與頭部的重要血管從頸部經過，並靠近耳朵附近。由於耳朵含有大量微血管，揉捏放鬆耳朵能促進血液循環，讓全身逐漸變得溫暖。此外，耳朵周圍也是淋巴結集中的區域，能在短時間內調整全身的循環狀況。

提升免疫力與生命力，讓人精神飽滿

在東洋醫學中，耳朵被認為與「腎」相連。這裡所指的腎不是器官，而是儲存生命能量的場所，也與體內的水分代謝有關。藉由刺激耳朵，可提升生命力，改善浮腫與怕冷等症狀。

臉部、頭部與頸部的肌肉僵硬能獲得緩解

耳朵周圍的耳廓肌與顳肌、咬肌、眼輪匝肌、胸鎖乳突肌相連，透過按摩耳朵能一併放鬆這些部位的僵硬。頸部與肩膀的僵硬也會因此得到緩解，眼部疲勞也能舒緩。進一步促進全身的血液循環，使身體恢復緊緻與彈性。

拉提緊緻　下顎鬆弛　頸部僵硬

V字耳拉提

首先將耳朵往各個方向拉開，一口氣放鬆耳上肌、耳前肌與耳後肌。將耳朵以V字型固定住，能更有效率地放鬆，會明顯感覺到整張臉被大幅拉提上去。

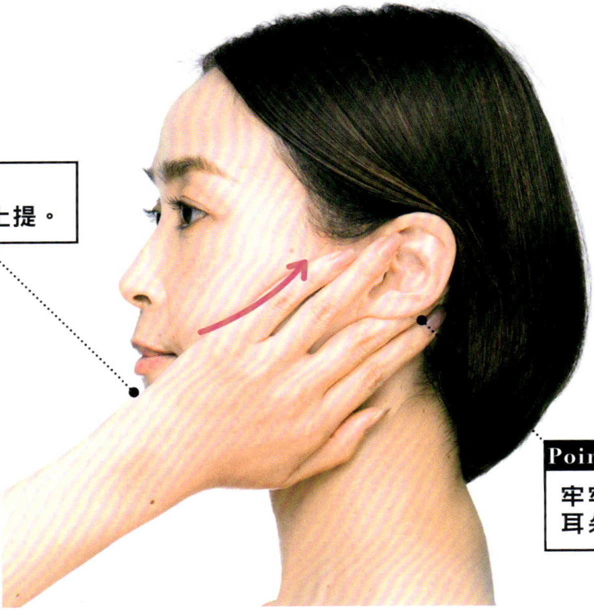
Point!
輕輕將臉頰往上提。
Point!
牢牢固定住耳朵。

1

用兩根手指夾住耳朵，固定**臉部輪廓線**

將手掌貼在臉頰下方，包覆住咬肌，輕輕往上提。用手指呈V字型夾住耳朵，穩穩固定耳朵位置。

從正面看起來…像是擺出蛀牙姿勢

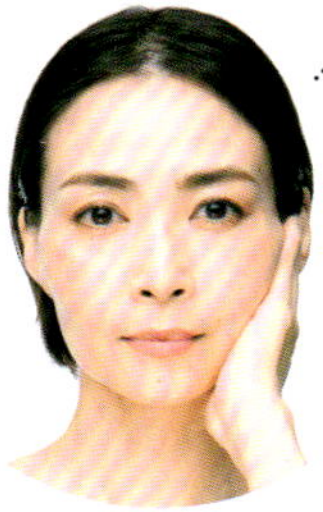

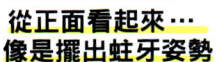

2

用另一隻手
將耳朵
朝各方向拉開

輕輕夾住耳朵，一邊微調位置，一邊朝放射狀方向拉開。切記不要用力猛拉，以「輕撫」般的力道最為適合。

Point!

一邊調整抓住的位置，
一邊向四周輕拉開來。

3

轉動脖子的同時，
擴張耳朵外側

接下來，像回頭看一樣，一邊慢慢轉動脖子，一邊進行上述步驟2。此動作有助改善頸部血液循環，讓脖子愈來愈靈活。

Point!

像是在回頭看一樣，
轉動脖子。

V字耳拉提

左右
各10秒
×
3次

拉提緊緻　雙頰鬆弛　眼周鬆弛

鬆弛肌舒筋術

當包覆肌肉的筋膜變得僵硬時，肌肉的活動會更加受限，進而導致鬆弛。若能釋放與臉部、頭部肌肉相連的耳朵周圍筋膜黏連，就能恢復整張臉的拉提力量。

Point!

以均勻、小範圍的方式夾捏。

1

捏住耳朵前方並輕輕搖動

從耳朵前方到太陽穴的部位是耳前肌，與眼輪匝肌相連。所以可以從眼角到顴骨一帶，以小範圍的方式輕輕捏起肌膚，來鬆解筋膜的黏連。

2

捏住耳朵上方並輕輕搖動

耳朵上方的耳上肌與負責拉提臉部的顳肌相連。平均地捏住耳朵上方與顳部，鬆解筋膜的黏連。

如果不容易捏住，可以用雙手的手指夾住。

用拇指勾住耳孔，捏住耳朵周圍輕輕搖動

用拇指輕輕地提起耳孔，施加適當的壓力，然後從鬢角開始順勢揉開，連同顳部與耳根一起捏住放鬆。此時可配合頭部點頭或搖頭的動作，有助於放鬆肌肉。另一側也請以相同方式操作。

Point!

從鬢角到耳根都要確實捏到。

3

鬆弛肌舒筋術

1個部位
×
10秒

拉提緊緻　法令紋　輪廓鬆弛

耳朵餃子術

將耳朵折疊並旋轉，能同時刺激耳朵周圍的肌肉、穴位與反射區。可迅速促進循環，讓臉部感到溫暖並緊實拉提。

1

將耳朵**對折**

用食指與拇指從後方夾住耳朵中央，將耳朵對折。若感到疼痛，請勿勉強，折到自己能接受的範圍即可。

2

輕拉咬肌，並以小幅度轉動耳朵

用另一隻手將咬肌輕輕朝下巴尖方向拉。為避免用力過度，讓嘴巴自然微張，然後將耳朵往前、往後轉動。

Point!

拉的是肌肉，不是皮膚。

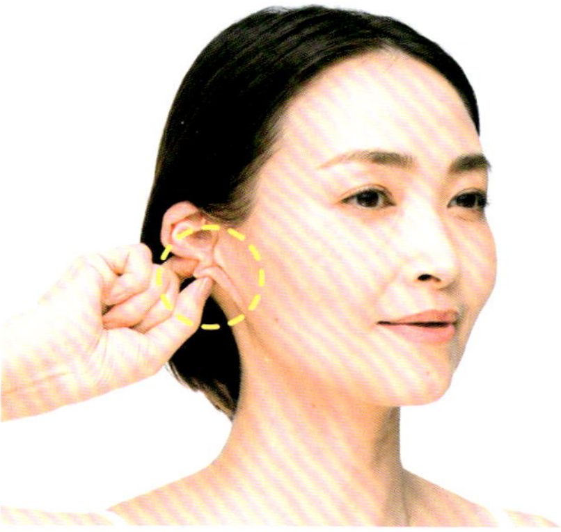

耳朵餃子術

1個部位往前後轉動 × 各10次

3

變換耳朵對折的位置，小幅度旋轉

耳朵共有3個折疊部位。將食指放在耳朵上方，拇指放在耳朵中央，將耳朵對折後轉動。然後將拇指放在耳垂上，食指放在耳朵中央，再次對折並轉動。另一側也請以同樣方式進行。

作為暖身動作加上這一步

透過「耳朵呼吸」促進臉部血液循環

工作或專注時，呼吸容易變淺，導致全身進入緊繃狀態。透過一邊拉耳朵、一邊配合呼吸，可促進放鬆，幫助血液循環變好，讓臉部感覺更加輕盈。

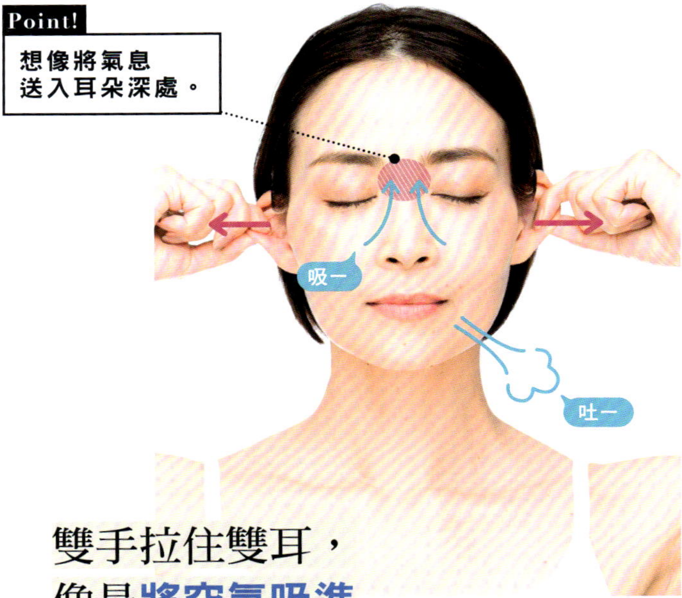

Point!
想像將氣息
送入耳朵深處。
吸一
吐一

雙手拉住雙耳，像是**將空氣吸進鼻腔深處**般呼吸

用拇指和食指夾住耳朵外側，同時輕輕拉開耳朵。慢慢吸氣，想像空氣進入鼻腔深處，再確實地吐氣。從耳朵開始促進血液循環，藉由深呼吸放鬆全身緊張，達到舒緩效果。

PART 2

拉提下半臉，重拾年輕感！

嘴部周圍拉提術

像播報員或歌手這類職業的人，即使年齡增長，臉部中央依然保持立體，表情也依然充滿魅力。這是因為他們能正確使用嘴部周圍的肌肉。一旦嘴角鬆弛，就會瞬間顯老，因此我們要從嘴部周圍開始進行拉提！

妨礙豐潤立體臉龐的是「嘴部周圍肌肉的衰退」

過了50歲之後，愈來愈多的人「無法有效使用上顎」。

隨著年齡增長，抬起上唇的肌肉逐漸鬆弛，拉開嘴角的肌肉也變得僵硬，使得上顎愈來愈難張開。結果就是，無論咀嚼或說話時，都只靠下顎發力，導致人中拉長、臉頰下垂。

當你說話或微笑時，上唇蓋住上排牙齒，讓牙齒無法露出，這就是嘴部周圍肌肉鬆弛的徵兆之一。

此外，習慣用嘴巴呼吸的人也要注意。這類人常嘴巴半開，導致負責閉嘴的口輪匝肌衰退。為了抬起下顎，就會過度使用頦肌，產生梅干般皺紋，下巴鬆弛，顯得老態盡現。

首先，要放鬆導致嘴部難以活動的顴大肌與咬緊牙關時使用的肌肉（咬肌），並鍛鍊提上唇肌、提口角肌與口輪匝肌等能提升嘴唇的肌肉。這樣能讓嘴角自然上揚，嘴唇看起來豐潤有彈性。與此同時，人中會變短、臉頰高度提升，臉部中央輪廓更明顯，自然展現年輕立體的面容。

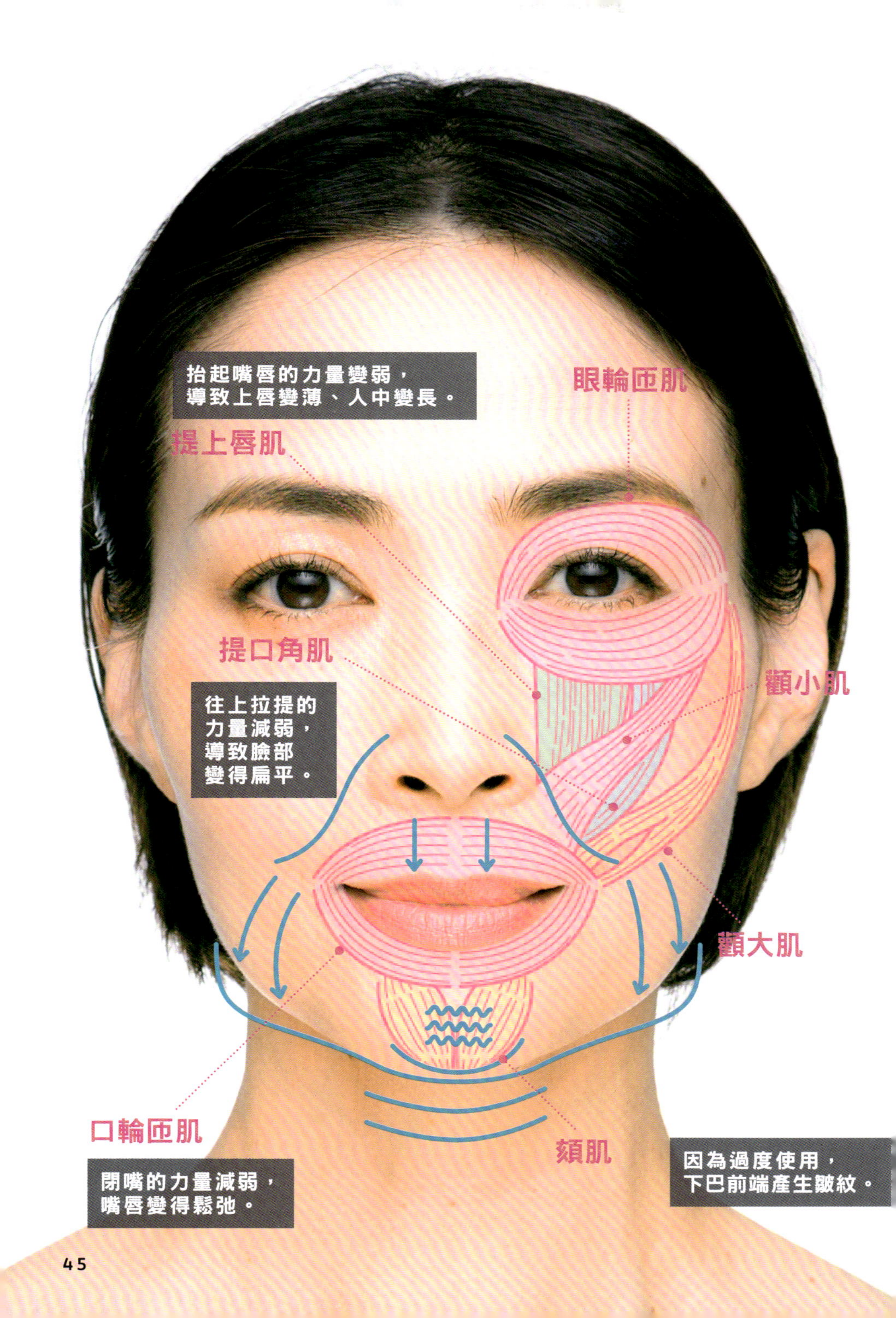

抬起嘴唇的力量變弱，
導致上唇變薄、人中變長。
眼輪匝肌
提上唇肌
提口角肌
顴小肌
往上拉提的
力量減弱，
導致臉部
變得扁平。
顴大肌
口輪匝肌
頦肌
閉嘴的力量減弱，
嘴唇變得鬆弛。
因為過度使用，
下巴前端產生皺紋。

常咬到嘴巴，是老化徵兆。「下巴下方」是否鬆弛了呢？

老化不只發生在表面，還會悄悄入侵臉部的內側。最近如果容易嗆到、經常咬到嘴巴內側，這代表你用來咀嚼的咬肌等肌肉正變得僵硬緊繃，使得口腔變得狹窄。若因壓力或緊張導致你習慣性地緊咬後牙，咬肌會變得更硬，進而拉扯整張臉向下。

舌頭本應自然貼住上顎的前端位置才是正確的，但當口腔空間縮小後，舌頭會下垂，連帶讓下巴出現鬆弛。

頸部僵硬也是導致舌頭下垂的原因之一。長時間維持駝背或低頭姿勢，會讓脖子前傾、肌肉緊繃。頸部前側連接舌頭的肌肉也會因此變得僵硬、活動受限，舌頭自然下垂。

舌頭位置變低，會降低吞嚥能力，增加誤嚥風險。尤其高齡後，容易引發吸入性肺炎，因此現在就應該開始訓練舌頭的肌肉。

口腔機能衰退也會導致唾液分泌減少，進而引發口臭、蛀牙等問題。此外，免疫力也會下降。為了維持健康有活力的生活，我們應努力保持口部周圍肌肉的年輕與彈性。

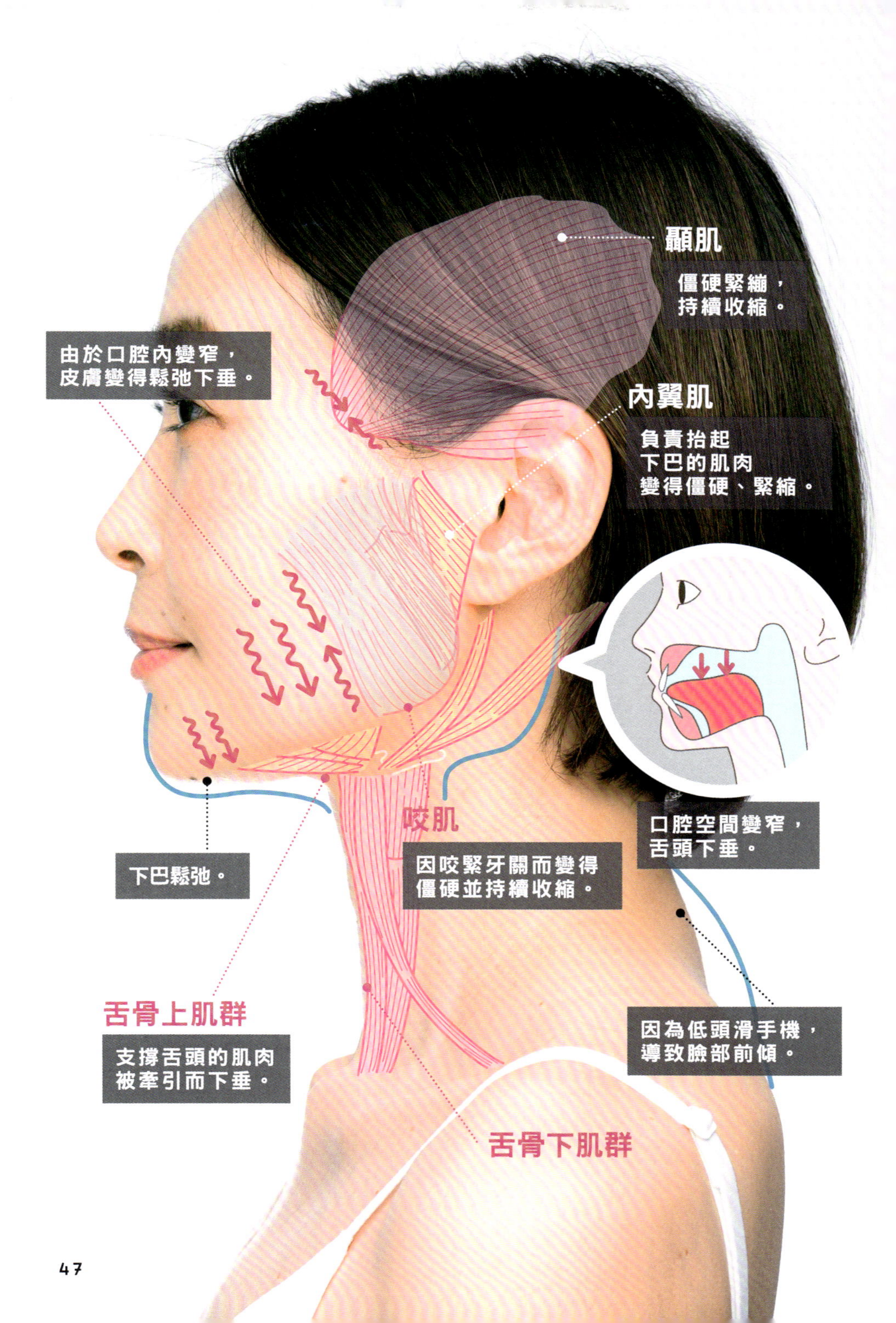

顳肌
僵硬緊繃，
持續收縮。
由於口腔內變窄，
皮膚變得鬆弛下垂。
內翼肌
負責抬起
下巴的肌肉
變得僵硬、緊縮。
咬肌
因咬緊牙關而變得
僵硬並持續收縮。
口腔空間變窄，
舌頭下垂。
下巴鬆弛。
因為低頭滑手機，
導致臉部前傾。
舌骨上肌群
支撐舌頭的肌肉
被牽引而下垂。
舌骨下肌群

嘴部周圍的肌肉衰退，就算自己沒察覺，也會被看出來！要注意「斜45度角的視線」

有研究指出，從斜45度角看比起正面看，更容易看出老化的跡象。因為這個角度能清楚看出臉部的立體感，也就是說，更容易顯現出下垂。然而，我們平常照鏡子大多只看正面，因此很難意識到來自斜角的視線。

不妨試著從斜角拍張照片看看，會有什麼發現呢？你可能會對下巴下方的贅肉感到驚訝，也可能會注意到臉頰從斜角下垂、整體輪廓變得不夠立體。比起正面看，更容易顯得扁平無神。此外，鬆垮的臉頰會堆積在下方，產生層次與陰影，使法令紋更加明顯、清晰。

由於他人通常會從斜角而非正面看你的臉，因此這個「斜45度」的臉部印象，實際上就是他們眼中你臉的印象。反過來說，如果你的「斜45度」看起來年輕，那麼你會給人留下非常好的印象。

下垂的皮膚僅靠護膚或化妝是很難恢復的。透過村木式「抗鬆弛拉提術」，即使從斜45度角看，也能讓你的臉部顯得更加立體。

人們平常看到的是「斜45度角」的臉

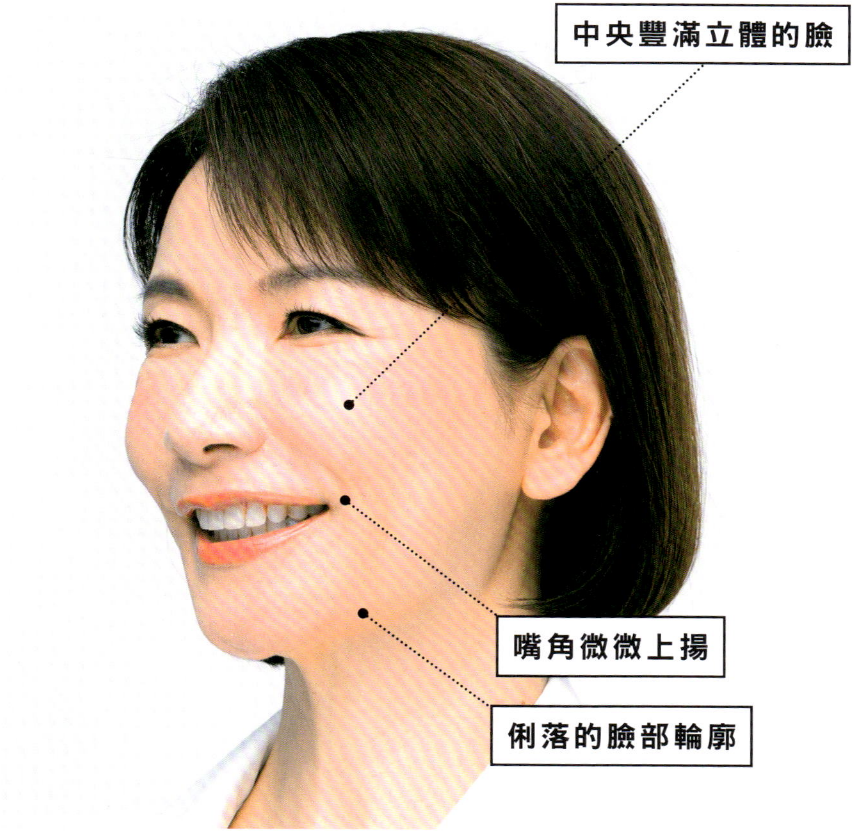
中央豐滿立體的臉
嘴角微微上揚
俐落的臉部輪廓

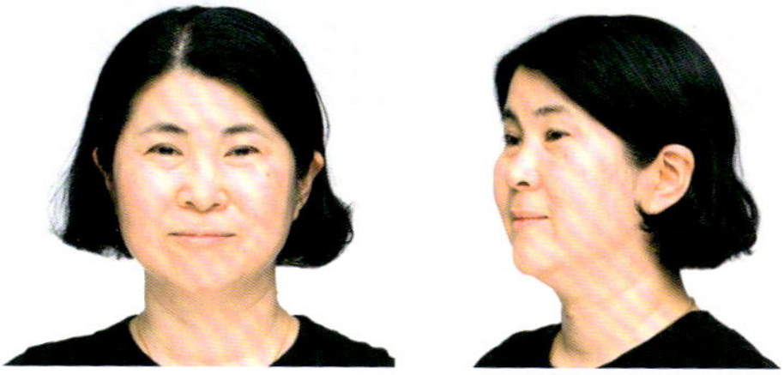

**下半臉的下垂
會在斜45度角下
顯現出來**

正面看不太明顯的雙下巴，從斜45度角可以清晰地看到。也能發現臉頰缺乏高度。

拉提斜向下垂的臉頰

針對拉提上唇的肌肉下手

造成法令紋的下垂臉頰，其根源在於拉提上唇的肌肉僵硬，以及由此導致的鬆弛。放鬆提上唇肌與顴小肌，能找回臉頰的飽滿感，同時縮短人中的距離。

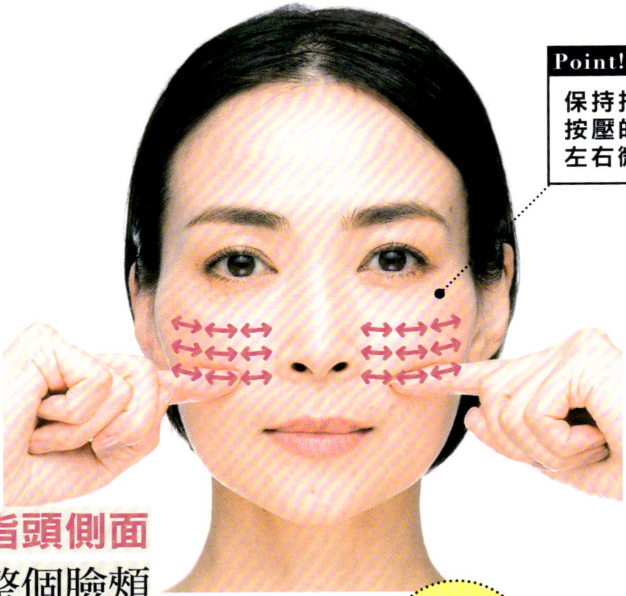

Point!

保持指頭按壓的狀態下，左右微小地移動。

1 利用指頭側面放鬆整個臉頰

將食指側面壓在顴骨下方，持續施壓的同時，左右小幅度地來回移動。逐步變換位置，將整個臉頰都鬆開。

1個部位×5次

Point!

嘴巴張開到能看見
上排門牙的程度。

欸

2

按壓臉頰肌肉，重複發出「欸喔」的聲音

用食指與中指夾住鼻翼兩側的肌肉，保持意識讓上顎往上提，並大幅度開口發出「欸喔欸喔」的聲音。變換指尖的位置，在數個點上重複相同的動作。

重複進行

Point!

發「喔」的時後，
要讓上顎活動起來。

喔

1個部位
「欸喔」
×
5次

將向外擴張的臉頰往上拉提

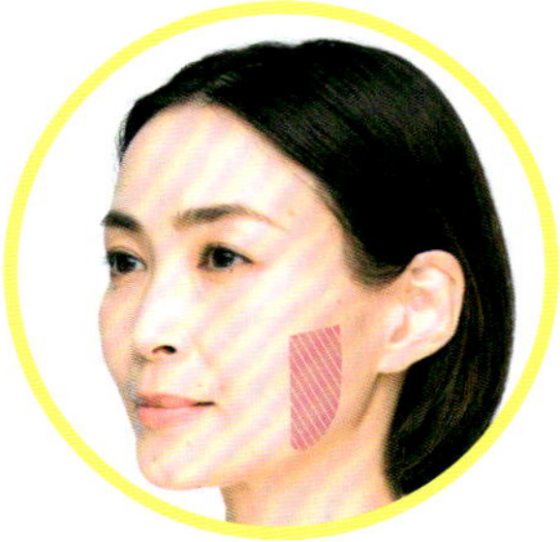

放鬆緊張收縮的咬肌，提升拉提力

針對因為愛咬緊牙關或脖子僵硬而變得緊繃的咬肌，仔細地加以放鬆。當肌肉的緊張得以解除，就不會妨礙臉頰向上拉提的動作，同時也能改善循環，使肌膚恢復彈性。

Point!

使用拇指施加壓力。

1

將拇指放在顴骨下方

將左手拇指的指腹卡在右側顴骨下方，食指與中指則從耳朵後方輕壓住下顎線的位置，以固定住臉部。

2

按壓臉頰肌肉，重複發出「啊咕」的聲音

用拇指牢牢按住肌肉的同時，大幅張口並重複發出「啊咕啊咕」的聲音。變換拇指的位置，共進行3個部位。

Point!

張口時要有意識地帶動上顎的動作。

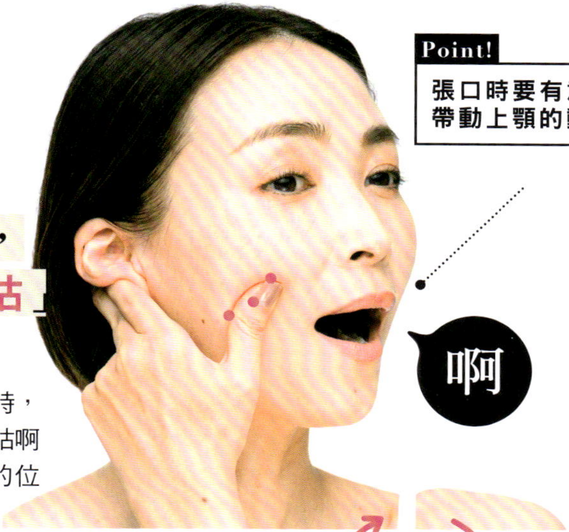

重複進行

1個部位
「啊咕」
×
5次

另一側也以相同方式進行

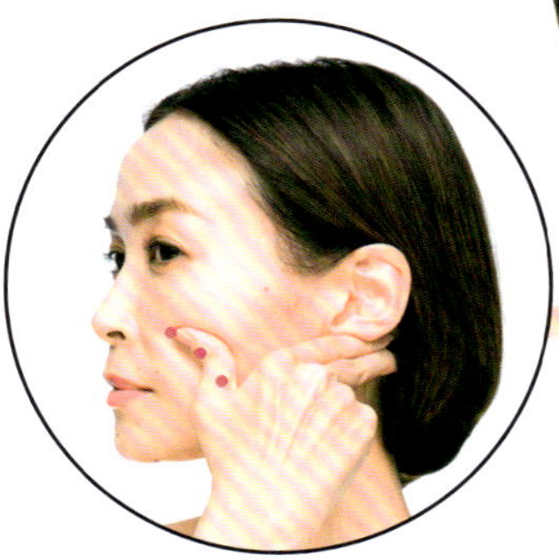

將下垂的臉頰拉提

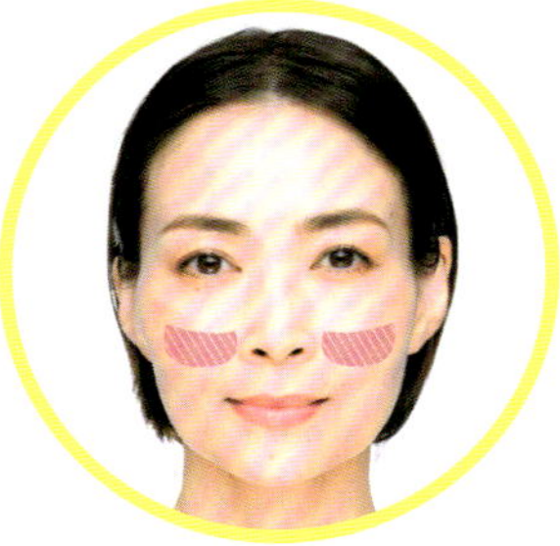

從顴骨向上拉提，讓臉部中央更具立體感

當嘴部周圍的肌肉衰退時，眼下的肌肉會被往下拉，導致臉頰鬆弛。藉由對顴骨施加柔和壓力並向上拉提，可放鬆臉頰肌肉，恢復彈力。

1

手掌根部貼在顴骨上

將手肘撐在桌子或桌面上，讓手掌根部順著顴骨下方貼合。視線向下，想像用手掌根部支撐頭部的重量。

Point!

手肘撐在桌上會更容易操作。

Point!

臉部正對前方，臉和身體都不要傾斜。

Point!

施加柔和的壓力。

2

臉部正對前方，將顴骨向上推提

在臉部正對前方的情況下，將顴骨往上推壓。注意不要讓臉部傾斜。如果有咬緊牙關的習慣，可以讓嘴巴微微張開。

10秒×3次

讓乾癟下巴恢復緊實感

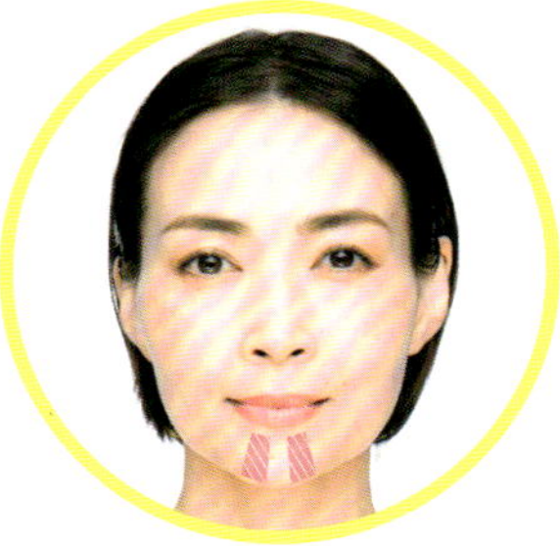

放鬆負責活動下巴的頦肌僵硬感

嘟嘴時，下巴會出現皺紋，這個部位就是頦肌。當嘴巴周圍的肌肉衰退時，這裡容易過度用力，變得皺巴巴的。可以在保養肌膚的同時，溫和地加以放鬆。

用食指放鬆 頦肌

頦肌位於左右兩側，因此要分別放鬆每一側。將食指彎曲，形成鉤狀，將側邊部分放在下巴處，以畫小圓圈的方式移動。移動時輕輕做「揉捏」的動作，然後對另一側也進行相同的操作。

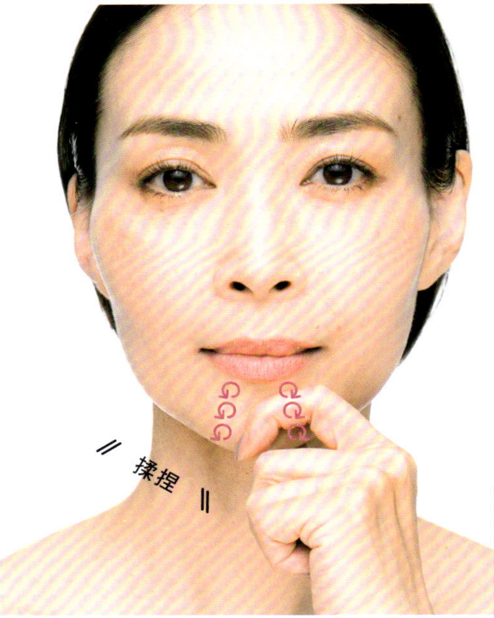

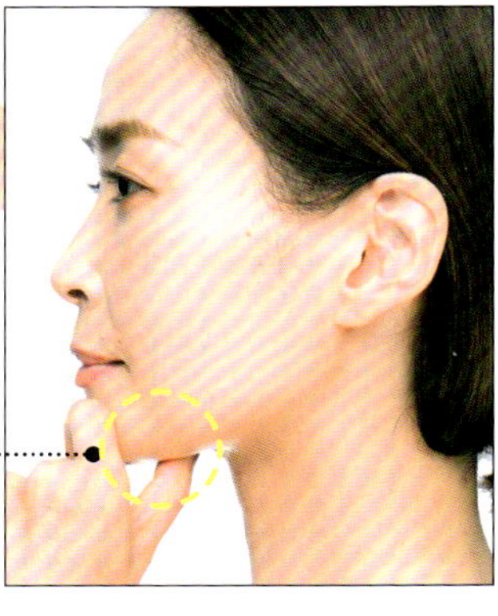

Point!
用拇指固定下巴。

1個部位×5次

解決下巴下垂的問題

鍛鍊舌頭肌肉，擊退下巴歪斜與下垂

下巴下垂的原因之一，是舌頭位置下移。舌頭幾乎完全由肌肉構成，並且有支撐舌頭的肌肉。透過大幅度的運動來鍛鍊舌頭，臉部也會向上拉提。

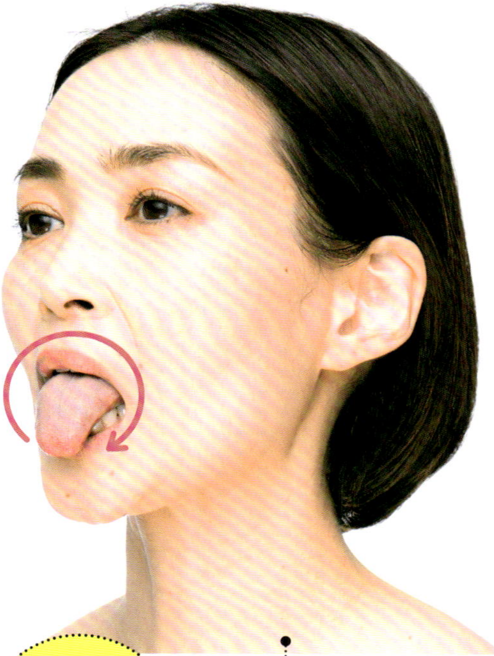

伸出舌頭，以畫圓的方式旋轉舌尖

放鬆肩膀，面向正前方，伸出舌頭。沿著嘴巴周圍畫圓。注意保持舌頭充分伸展來進行這個動作。

順時針、逆時針 × 各10次

Point!

臉朝正前方，肩膀放輕鬆。

讓雙下巴線條更加緊緻

一邊放鬆頸部的僵硬，一邊訓練舌頭

長時間使用電腦或手機時，頸部容易僵硬，進而使頸部前方的舌骨肌緊繃，影響舌頭與下巴的活動。透過促進頸部血液循環，並訓練舌頭肌肉，可讓下巴變得更加緊緻。

1

交叉雙臂，將大拇指固定在鎖骨上

面向正前方，雙臂交叉放在胸前。將大拇指掛在鎖骨上並固定住。請確認肩膀沒有抬起，最好對著鏡子檢查。

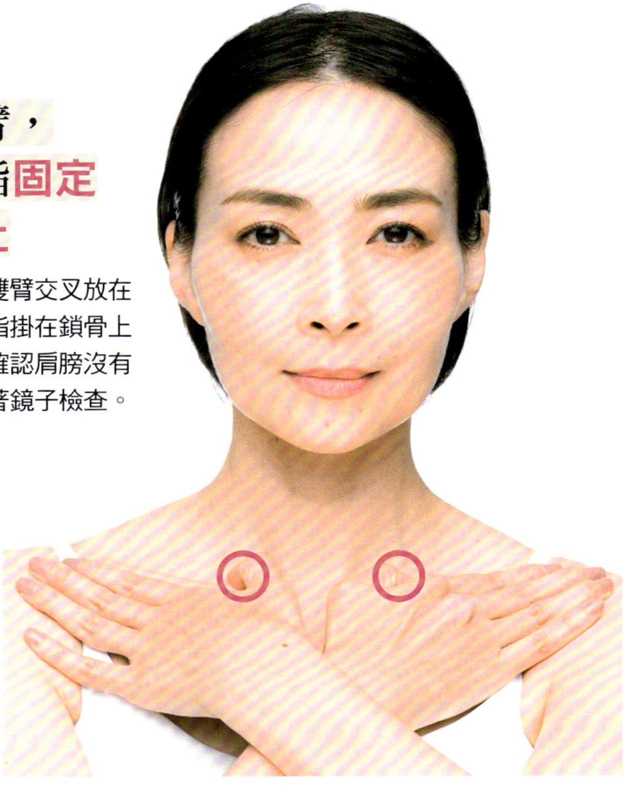

2

舌頭貼住上顎，仰頭伸展頸部

將舌頭貼住上顎，抬起下巴。若能感覺到下巴下方與頸部正在伸展，那就表示動作正確。避免過度後仰，約45度的角度為最佳。

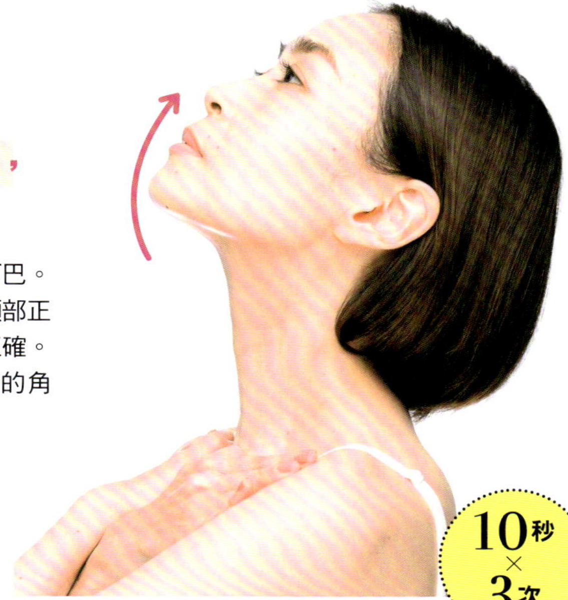

10秒
×
3次

3

將下巴抬起並左右交替傾斜

將大拇指掛在鎖骨上，保持舌頭貼住上顎，然後將下巴向右傾斜，伸展頸部。左右交替伸展可放鬆頸部前側，讓下巴變得更加緊緻。

Point!

保持頸部穩定伸展的同時，移動下巴。

左右
各10秒
×
3次

改善舌頭下垂，緊實嘴巴周圍肌肉

刺激與舌頭相連的舌骨肌群，提高支撐力

舌骨肌群位於頸部前側，並與舌頭的肌肉相連。它不僅支撐舌頭，也支撐頭部，因此容易受到壓力，隨著年齡增長而逐漸衰退。透過放鬆並鍛鍊這些肌肉，可以讓其更加緊實。

1

使用大拇指和食指壓住舌骨

舌骨位於喉結稍上方，從下巴下方滑動手指時，會碰到一個突起的地方。用大拇指和食指按住這個位置。注意不要用力過度，以免感到呼吸困難。

Point!

從下巴下方滑動手指，觸碰到的地方即為舌骨。

2 保持下巴抬起，捲舌發音「拉哩嚕咧囉」

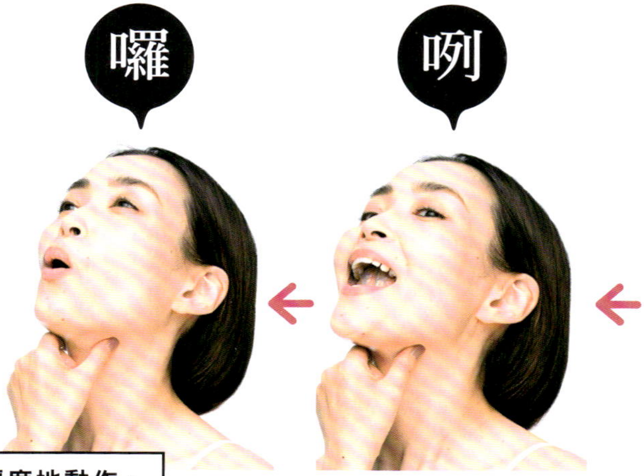

Point!

嘴巴要大幅度地動作。

按住舌骨時，輕輕抬起下巴，並大幅度地動嘴巴發出「拉哩嚕咧囉」的音。捲舌發音的訣竅，就像英文一樣。每個音節都要清楚地發出！

「拉哩嚕咧囉」× 5次

將下垂的嘴角向上提

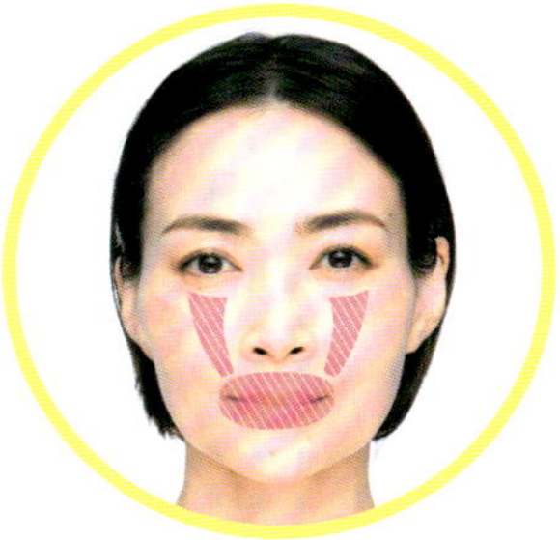

鍛鍊嘴部周圍的肌肉，讓臉頰到嘴唇的區域豐盈拉提

長時間戴口罩的人，容易不自覺地張開嘴巴，導致嘴巴閉合的力量變弱。透過同時鍛鍊口輪匝肌和拉提嘴角的肌肉，能讓嘴角自然上揚，留下良好印象。

1

按住**下巴的骨頭，**將嘴唇收回內側

為了避免下巴移動，用食指和大拇指按住並固定住。將嘴唇完全收回內側，並閉緊嘴巴。如果手指會滑動，可以夾住衛生紙來幫助固定。

2 保持嘴唇收起，**上揚嘴角**並維持10秒

Point!

按住下巴，避免其移動。

要有意識地使用上顎的肌肉，將嘴角上揚，展現微笑。透過刺激抬起上唇的肌肉，不僅能讓臉頰變得更有份量，法令紋也會變得較不明顯。

10秒×5次

拉提下垂的人中

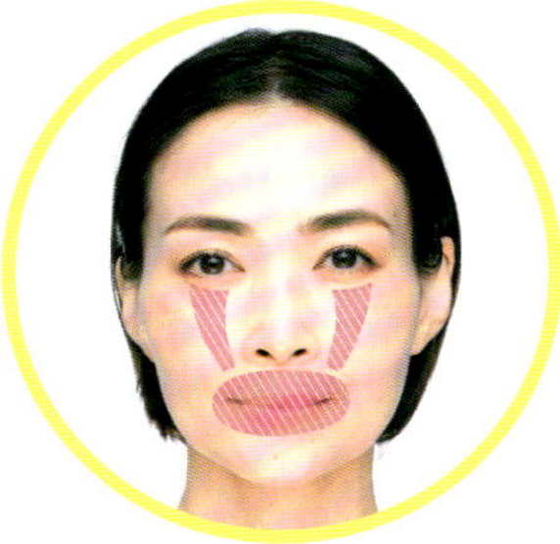

鍛鍊提上唇肌與口輪匝肌，提升臉部下半部的魅力

當嘴部周圍肌肉鬆弛時，人中會變長，給人顯老的印象。此外，若習慣用嘴巴呼吸，鼻部肌肉也會跟著鬆弛，讓整體看起來腫脹遲鈍。鍛鍊嘴部到鼻部的肌肉，有助於打造俐落鼻形。

將嘴唇呈「嗚」字形，轉動一圈

從鼻子吸氣，縮小鼻孔後，將嘴唇向前突出，呈「嗚」的形狀。維持這個嘴形，將嘴巴大幅地畫圓轉動。關鍵在於有意識地帶動鼻下與鼻翼兩側的肌肉。

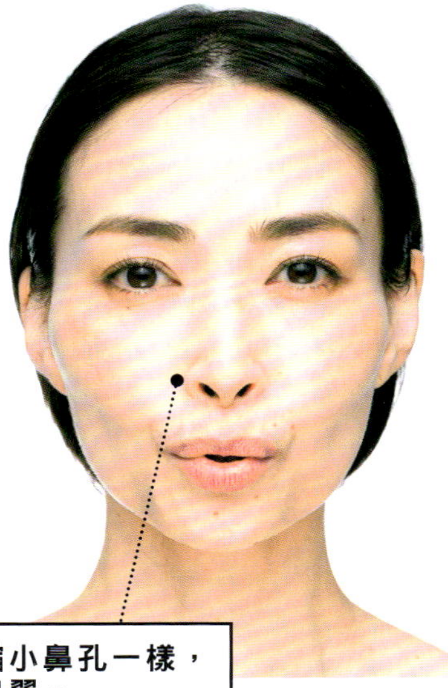

Point!

像要縮小鼻孔一樣，收緊鼻翼。

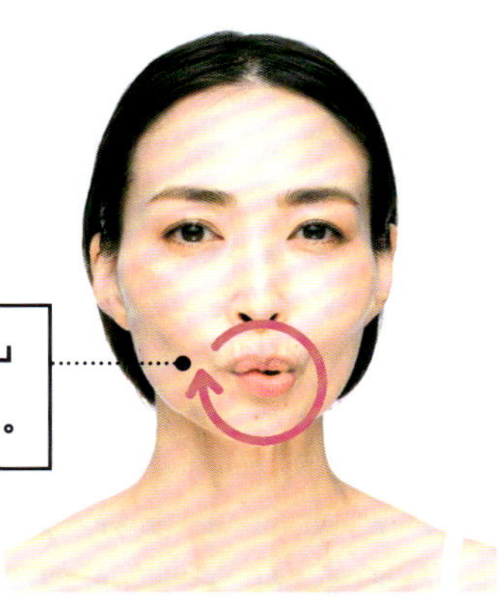

Point!

保持「嗚」的嘴形進行轉動。

順時針、逆時針×各10次

PART | 3 |

讓模糊的五官

變得清晰有神

鼻部、眼周拉提

許多人不知道，其實鼻子也會隨著年齡下垂。隨著年齡增長，人中會變長，鼻翼也會向兩側擴張。位於臉部中央的鼻子一旦出現鬆弛，整張臉就會失去立體感。讓我們一邊改善令人在意的眼周鬆弛，一邊朝著中央豐盈、年輕有神的臉龐邁進吧。

鼻子隨著年齡增長也會鬆弛，讓臉部中心輪廓模糊、缺乏緊緻感

如果鼻子再高一點就好了，為什麼我的鼻子這麼圓呢……

對自己的鼻子感到自卑的人並不少見。不過，許多人認為改變鼻型很困難，因此往往沒特別保養，就這樣任由歲月在臉上留下痕跡。

也許你沒有察覺，其實鼻子的形狀會隨著日常狀況而有所變化，甚至有因老化而變大的傾向。

像眼睛疲勞或臉頰肌肉僵硬等情況，會讓鼻部循環變差，進而導致浮腫；而長時間戴眼鏡的人，鼻樑根部長期受到壓迫，更容易處於浮腫狀態。

如果拉提上唇的提上唇鼻翼肌與提上唇肌衰弱，臉頰會下垂、鼻翼也會外擴。隨著年齡增長，肌膚彈力流失，鼻部的高度與立體感也會跟著減弱，鼻型變得鬆弛無神。

但請放心，只要每天持之以恆地保養，就能讓鼻部肌肉變得更挺、更有立體感。光是鼻子線條清晰了，整張臉就能立體起來，看起來年輕10歲也不是夢。

鼻子鬆弛的原因

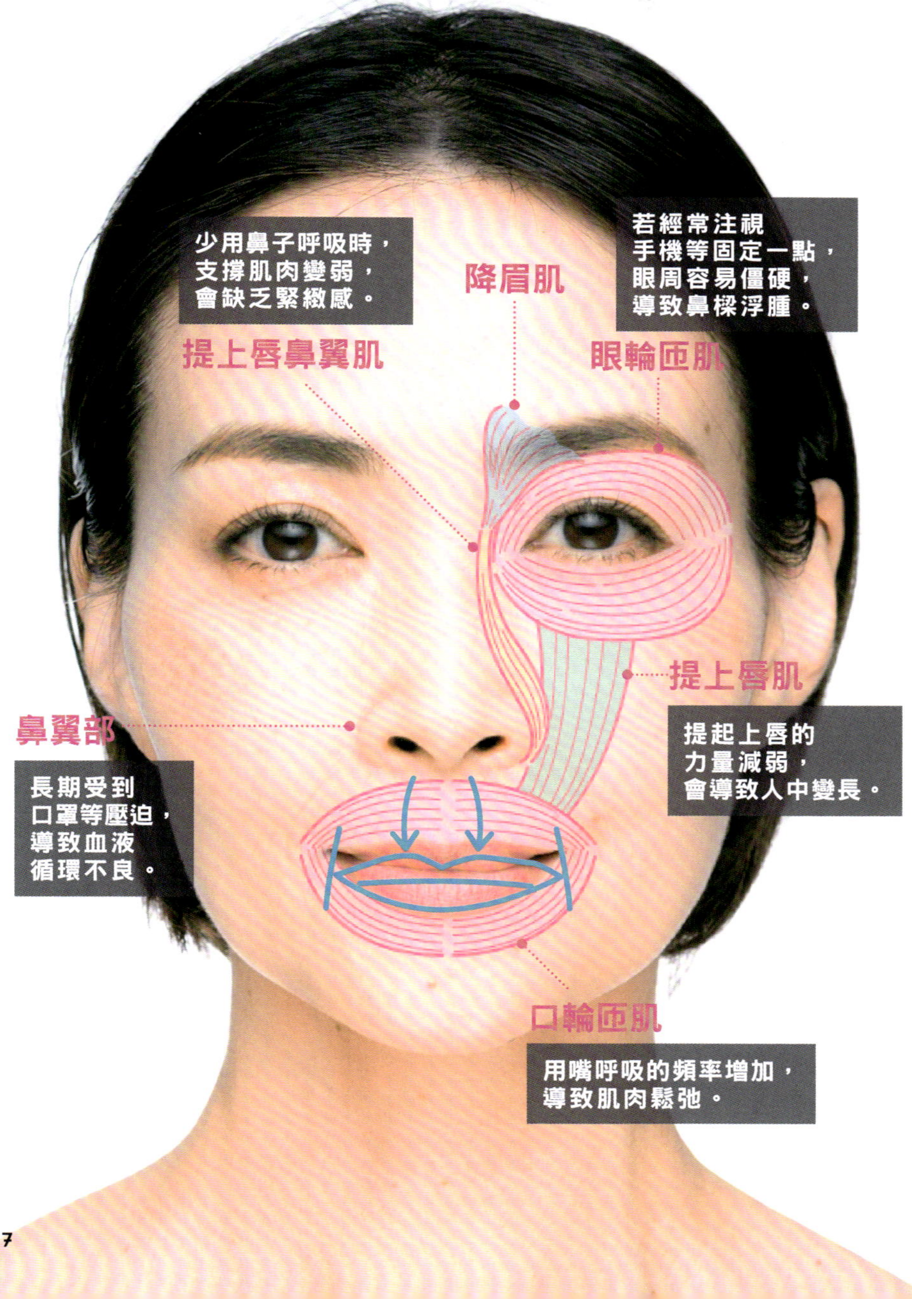
少用鼻子呼吸時，
支撐肌肉變弱，
會缺乏緊緻感。
降眉肌
若經常注視
手機等固定一點，
眼周容易僵硬，
導致鼻樑浮腫。
提上唇鼻翼肌
眼輪匝肌
提上唇肌
提起上唇的
力量減弱，
會導致人中變長。
鼻翼部
長期受到
口罩等壓迫，
導致血液
循環不良。
口輪匝肌
用嘴呼吸的頻率增加，
導致肌肉鬆弛。

讓橫向擴大的鼻子變得更挺

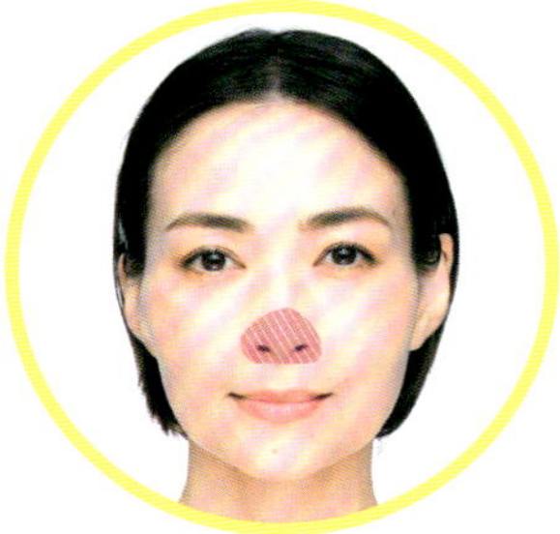

對鼻翼部施加壓力，促進淋巴流動

鼻子幾乎不太會活動，是老廢物容易堆積的部位。用手捏住鼻翼，同時大幅度地活動嘴巴，可以促進淋巴流動，使從嘴角到鼻子的輪廓變得緊緻、上提。

1 捏住鼻翼，重複發出「欸喔」的聲音

用拇指與食指從上方捏住鼻翼，施加適度壓力。露出上排門牙發出「欸」的聲音，再將人中伸長，發出「喔」的聲音。也能有效鍛鍊嘴部周圍的肌肉。

重複進行

「欸喔」×10次

2

捏住鼻翼，重複發出「嗚喔」的聲音

和步驟1一樣，捏住鼻翼，嘴唇收緊發出「嗚」的音，再將人中拉長，發出「喔」的聲音，同時大幅度地張口發聲。這樣做可以幫助上唇更容易抬起，營造更具魅力的表情。

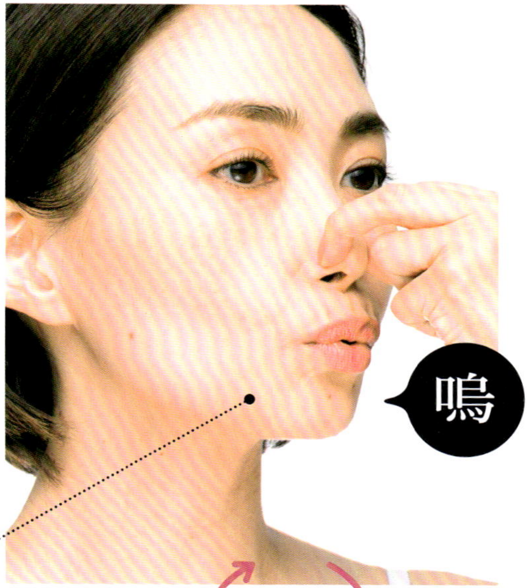

Point!

大幅度地活動嘴巴。

重複進行

「嗚喔」×10次

消除浮腫，讓鼻樑更立體

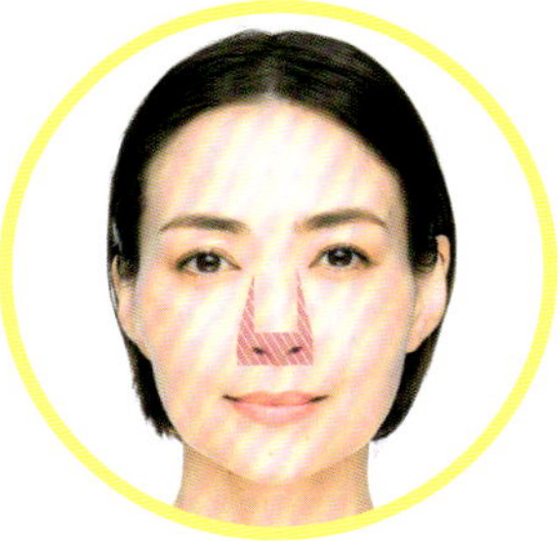

同時刺激肌肉與穴位，打造俐落挺拔的鼻型

鼻翼兩側有幾個重要穴位，包括能改善鼻塞、消除臉頰浮腫的迎香與鼻通，以及對眼睛疲勞有效的睛明。透過放鬆肌肉並刺激這些穴位，有助改善氣血循環，讓鼻型更清晰、俐落。

1

捏住鼻翼，重複發出「欸喔」的聲音

用拇指與中指捏住鼻翼邊緣，施加輕壓，同時大幅度地張口發出「欸喔」的聲音。若手指容易滑動，可以隔著一層面紙來操作，會更容易進行。

「欸喔」×10次

Point!

**一邊施加壓力，
一邊小幅度移動。**

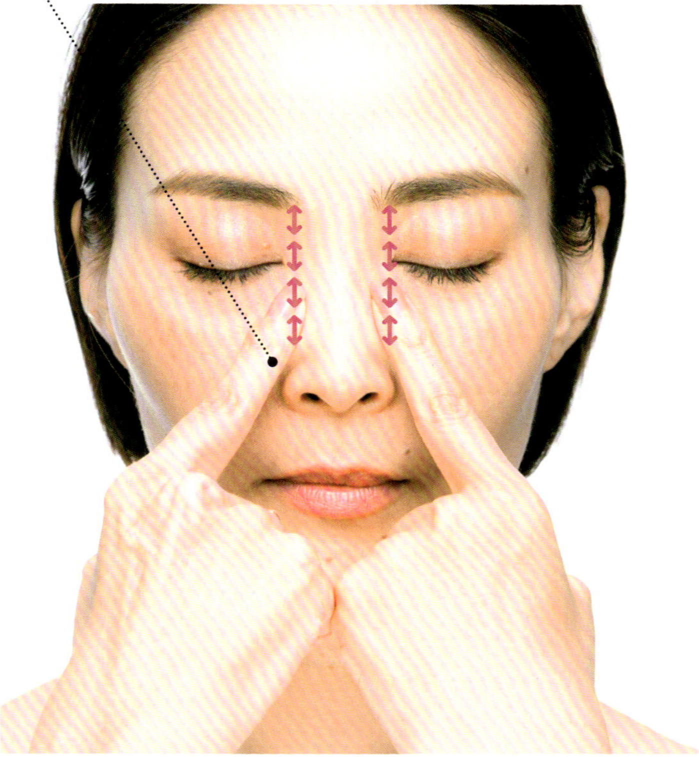

2 用指腹按摩
鼻翼兩側

將食指的指腹按在鼻翼邊緣，垂直方向小幅度地來回移動，放鬆肌肉。動作時不要拉扯皮膚，而是想像像在對骨頭施加壓力般地進行。從鼻翼到眉頭下方的範圍，都要平均地按摩。

1個部位 × 5次

與老態直接相關的眼周鬆弛，讓眼神無力、臉部輪廓模糊

現代人經常緊盯智慧型手機或平板等小螢幕，不僅眼周肌肉疲勞，連帶控制眼球運動的肌肉也處於過度使用的狀態。此外，由於操作手機時視線容易朝下，眼球本身也開始出現鬆弛現象。

眼下浮腫並下垂的原因之一，是長時間低頭造成眼外肌朝下僵硬，導致原本保護眼球的眼窩脂肪向前突出。當腫脹加劇，就會在眼下形成陰影，給人一種疲憊、老化的印象。

當眼睛感到疲勞時，顳肌會緊縮，使得眼周無法獲得良好支撐而出現鬆弛。再加上因壓力與疲勞造成的咬緊牙關，使咬肌變得僵硬，進一步拉扯連接眼輪匝肌與口輪匝肌的肌肉，導致從眼下到整個臉頰下垂，讓臉部失去緊緻感，變得模糊鬆弛。

透過恢復負責閉合下眼瞼的眼輪匝肌彈性，以及放鬆控制眼球運動肌肉的緊繃狀態，能有效改善眼下鬆弛。眼周變得清爽、臉頰變得飽滿上提，更接近中央偏高的理想臉型。

眼周鬆弛的原因

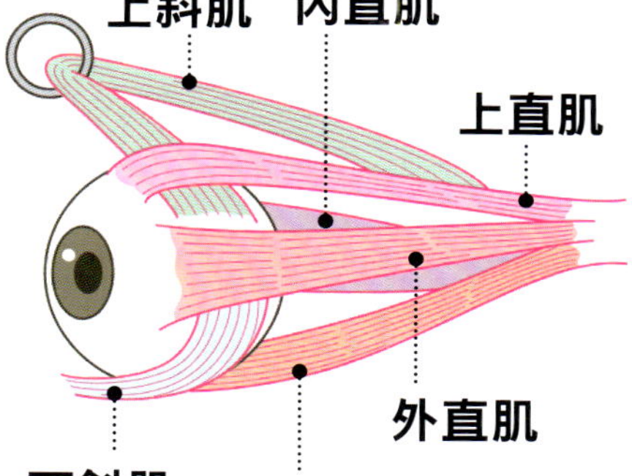
上斜肌
內直肌
上直肌
外直肌
下斜肌
下直肌

長時間凝視一個點，使得眼球肌肉緊繃

當看手機時，會長時間集中視線於同一個方向與距離，導致負責轉動眼球的眼外肌變得僵硬。如果一直低頭看，眼球下方的肌肉會朝下方僵硬，最終導致眼下鬆弛。

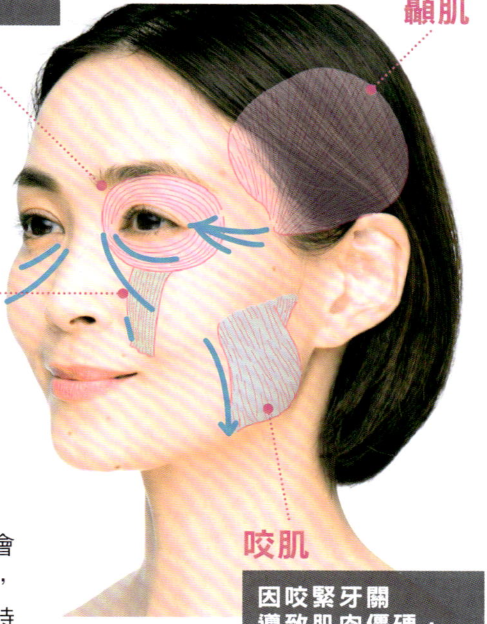
下眼瞼的閉合肌肉變得鬆弛。
眼輪匝肌
肌肉緊縮、導致下垂。
顳肌
被咬肌拉扯，導致上唇無法上提。
提上唇肌
咬肌
因咬緊牙關導致肌肉僵硬，將整張臉往下拉。

顳肌僵硬會使臉頰肌肉緊縮，進而導致眼下鬆弛

過度用眼會使顳肌變得僵硬，也會對咬肌與眼輪匝肌造成不良影響，導致臉頰被向下拉扯而下垂。長時間維持低頭姿勢也會讓血液循環變差，進一步削弱肌肉的拉提能力。

眼球體操消除眼部下垂

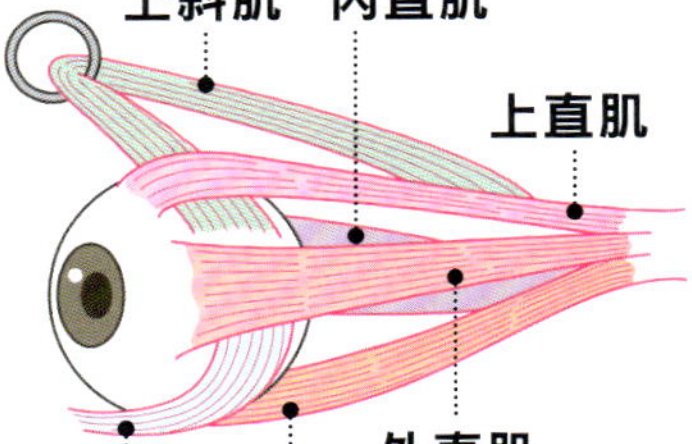

上斜肌
內直肌
上直肌
外直肌
下斜肌
下直肌

全方位轉動眼球，放鬆眼外肌的緊繃感

眼球周圍的六條肌肉統稱為眼外肌，經常因長時間使用手機等而變得僵硬。將眼球往各個方向移動，有助於放鬆肌肉，改善眼球下垂與眼皮鬆弛的情況。

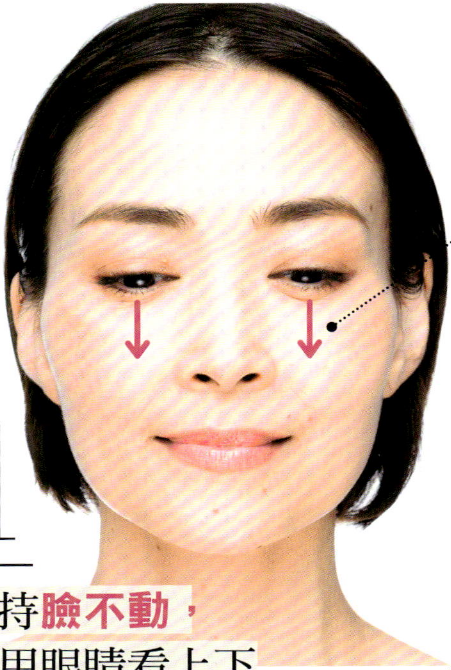

Point!
像看著腳下那樣，將視線確實往正下方移動。

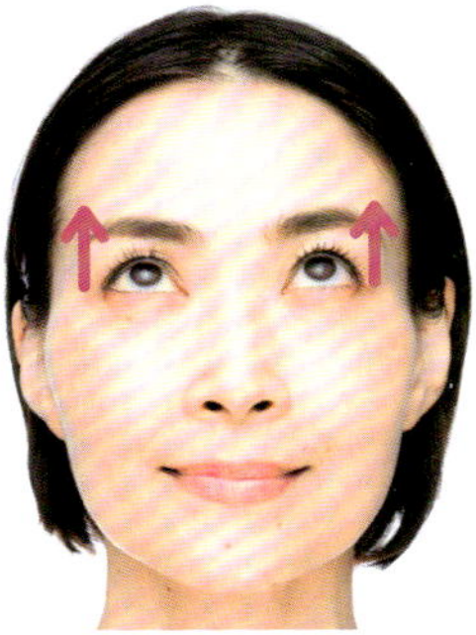

1

保持臉不動，僅用眼睛看上下

保持臉朝正前方，只移動眼球，先將視線往正下方看並停留3秒。接著，想像自己正看向天花板，將眼球慢慢往上移動並停留3秒。

上下各3秒 × 10次

2

以窺視
耳朵孔的意象，
左右移動眼球

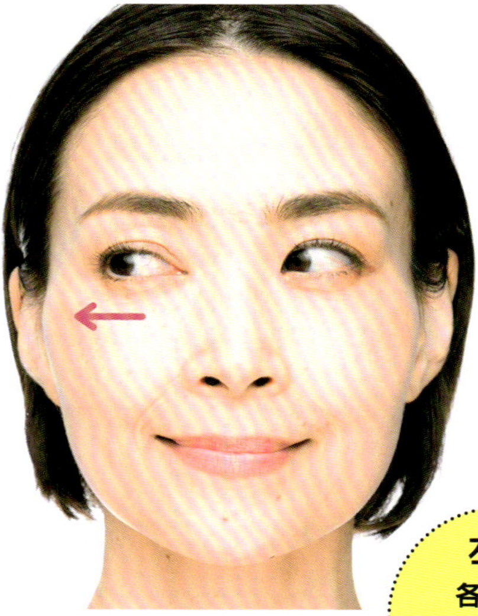

臉保持正對前方，慢慢地將眼球移向右側，停留3秒。左側也同樣進行。想像自己正在窺視耳朵孔的樣子，這樣能更確實地運動眼部肌肉，促進血液循環。

左右
各3秒
×
10次

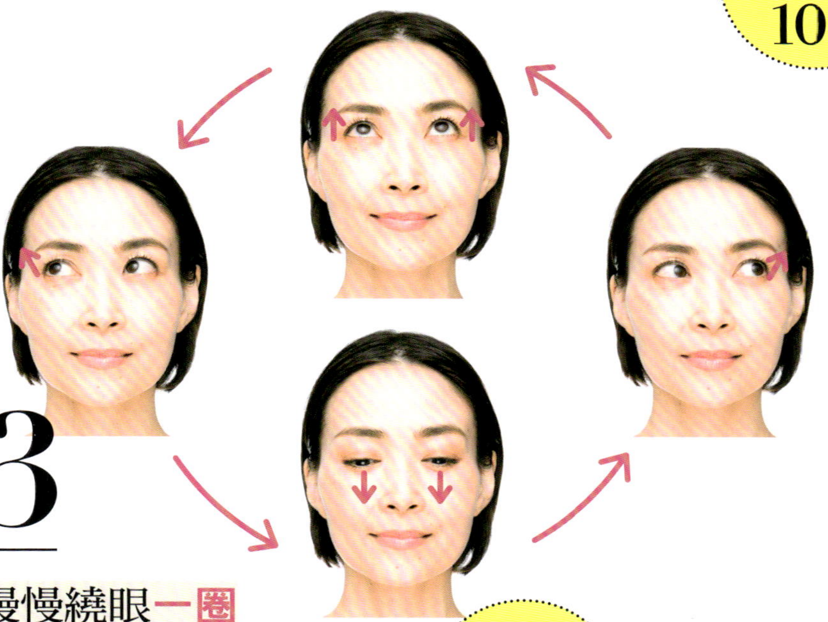

3

慢慢繞眼一圈

在放鬆眼外肌的緊張之後，臉仍保持正向，只移動眼球，做360度的環繞運動。依序向上、右上、右側……畫一整圈後，再反方向繞回來。

順時針、
逆時針
×
各10次

活化下眼瞼的肌肉

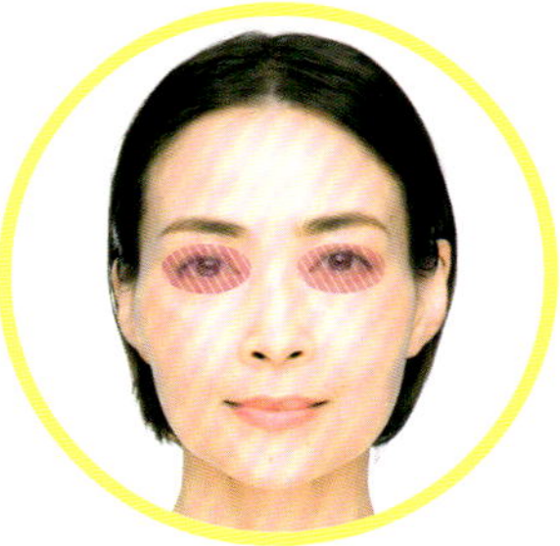

針對拉提臉部的肌肉進行鍛鍊

負責睜眼與閉眼的肌肉是眼輪匝肌，但實際上多數人無法正確使用下眼瞼。當下眼瞼失去彈性時，脂肪容易堆積。透過施加舒適的壓力，喚回緊實感吧。

1

將手指放在眼下，做出「搖頭」的動作

將食指第１至第２關節的側面放在眼睛下方的凹陷處，輕輕施加壓力。保持這個姿勢，頭部輕微左右擺動，就像在搖頭一樣，有助於放鬆眼輪匝肌。

2

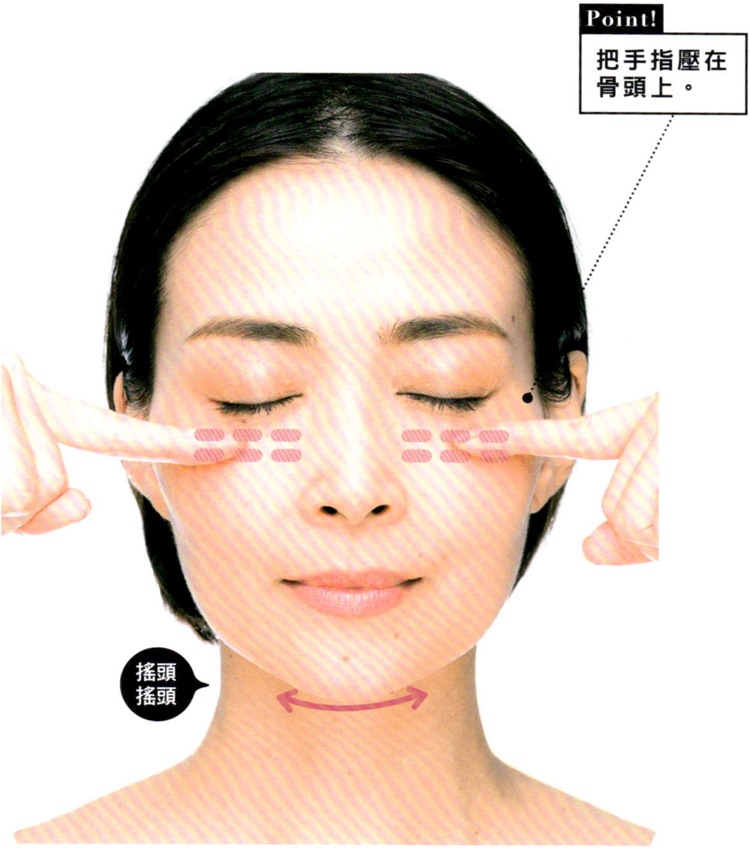
Point!
把手指壓在骨頭上。
搖頭
搖頭

將手指的位置稍微向外移動，進行3個位置的動作

1個部位「搖頭」×10次

將手指的位置大約移動1公分，輕輕施加壓力並做「搖頭」的動作。再繼續向外移動，重複同樣的動作。下方一個指頭的位置也進行3次「搖頭」的放鬆運動。

拉提臉頰與下眼瞼線條

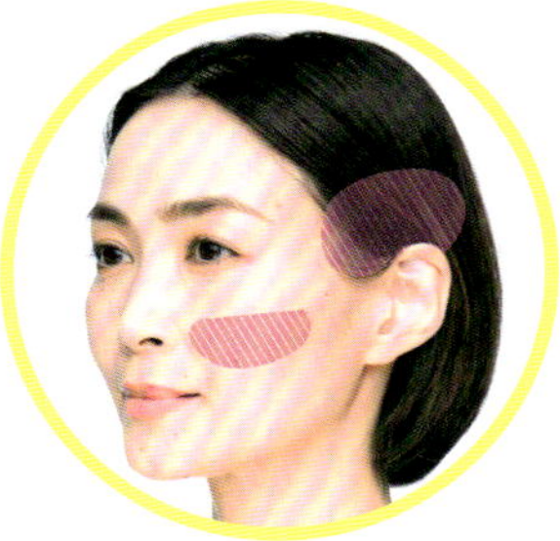

從顳肌開始進行，並用力向上拉起

透過放鬆因眼睛過度使用或咬緊牙齒而變得僵硬的顳肌，可改善臉頰下垂。進一步提升臉頰肌肉，增添立體感，並使眼下的下垂變得不那麼明顯。

1

捏住顳部並放鬆

因疲勞而緊縮的顳肌，請用拇指和食指小心捏住並輕輕搖動，就像是在撕開筋膜的粘連一樣。特別是在容易堆積廢物的髮際線部位，要仔細進行。

Point!

從髮際線到髮中均勻進行。

1 個部位 × 10 秒

2 將大拇指放在顴骨上，施加壓力**向上抬起**

將大拇指的腹部放在顴骨上，食指輕輕放在額頭上。像是將臉頰向上抬起一樣，從下方施加壓力的同時，進行輕輕搖頭的放鬆運動。注意不要用力過猛。

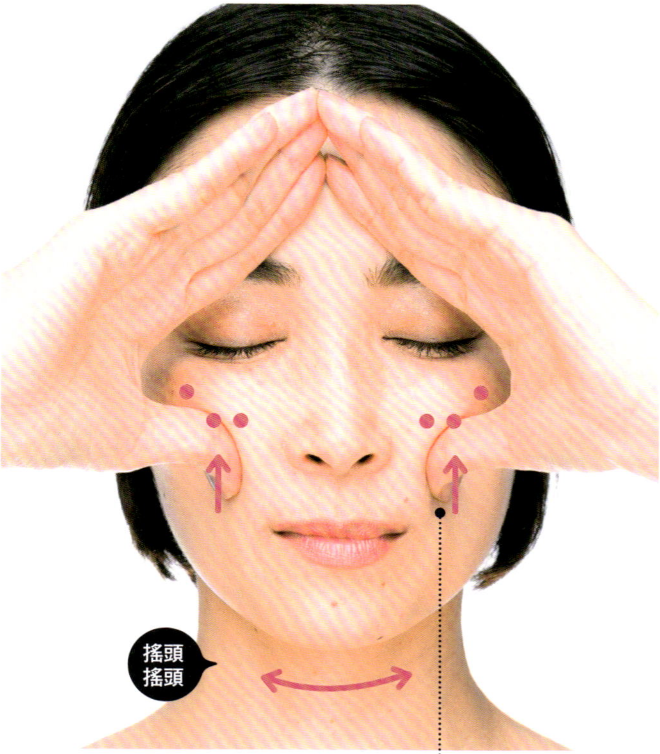

Point!

沿著顴骨移動
大拇指的位置，
分別進行3個部位。

1個部位
「搖頭」
×
5次

抗鬆弛拉提術 Q&A

Q 效果多久可以感覺到？

A 即使只做1次，也能感覺到效果，但持續進行可以保持年輕的面容。

如同第26頁的體驗者所證實，即使只做1次保養，也能改善臉頰和下巴的下垂。若能持續進行，拉提效果和維持力將會提升。請務必每天持之以恆。

Q 一天中的什麼時候做最合適？

A 在休息時間等隙間進行，效果能持續。

時間和次數沒有固定要求。早晚的護膚時間、工作休息時、上廁所時等，能在一天中隨時進行是非常重要的。目標是維持肌肉的柔軟度與良好的循環狀態。

Q 書中的方法是不是都要做？

A 首先從PART1的耳朵周圍放鬆方法開始。

為了改善下垂，放鬆耳部周圍的效果較明顯，也更容易感受到變化。請優先持續進行PART 1中的3個方法，再依照你擔心的下垂或僵硬情況，加入額外對應的練習。

Q 放鬆時，感到疼痛可以繼續做嗎？

A 有痛感是因為肌肉緊繃，請慢慢放鬆。

施力的程度應該以「痛得剛好舒服」為宜。如果感到劇烈疼痛，代表該處非常緊繃，請避免過度用力，稍微放鬆一點。只要持續進行，會慢慢放鬆下來。

PART | 4 |

臉部下垂源於背部僵硬！

提升拉提效果

頸部、背部重置

為了提升「抗鬆弛拉提術」的效果，放鬆頸部和背部的僵硬也很重要。如果頸部和背部僵硬，會削弱臉部拉提的力量，並導致臉部前突的固定姿勢，進一步加劇下垂。恢復頸部和背部的柔軟度，有助於提升拉提效果。

PART
4

僵硬前傾的脖子和寬背，是導致臉部下垂的主因

隨著現代人離不開手機的生活方式，愈來愈多成熟女性出現背部彎曲、脖子前傾的姿勢。這是因為背部與頸部的肌肉長時間處於僵硬狀態所致。

臉部的皮膚與包覆肌肉的筋膜，是與頭部和頸部相連的。如果背部與頸部僵硬或位置不正確，從背部將臉部往上拉提的力量就會減弱，甚至可能被脖子向下拉扯，導致臉部更容易出現下垂現象。

此外，背部與頸部的僵硬會讓人看起來老得多。有些電視節目甚至會透過背影猜年齡，這正說明了背部線條對外觀年齡的影響。

自己或許不易察覺，但當背部彎曲、腋下與腰部周圍鬆垮下垂時，整體就會顯得蒼老許多。而且若脖子前傾，導致下巴下方與脖子前側鬆弛，即使妝容再精緻，也難掩老態。

隨著年齡增長，背部的肌力會自然下降，為了彌補這種不足，反而更容易產生僵硬。因此，有意識地針對背部進行保養，是改善全身下垂狀況的重要關鍵。

從腳底到頭部，筋膜彼此相連，因此從背部拉提非常重要

我們全身的肌肉，都是透過名為「筋膜」的網狀纖維組織相互連結的。因此，當某一部分肌肉變得僵硬時，會讓其他肌肉無法正常運作，進而產生代償性地僵硬或鬆弛等連鎖不良反應。甚至足部的歪斜，也可能引發臉部的鬆弛。換句話說，並不是只要放鬆局部僵硬處就足夠，必須從全身著手，才能真正改善根本問題。

反過來說，若在進行臉部「抗鬆弛拉提術」的同時，也針對背部、頸部、肩膀、手臂與雙腿等部位的僵硬進行保養，拉提效果就會大幅提升。這也有助於促進血液與淋巴循環，讓全身變得更加年輕有活力。

背部有兩塊主要的大型肌肉：斜方肌與闊背肌。絕對不能浪費這些肌肉的拉提力量。只要讓背部恢復彈性並靈活運動，就能從後方穩穩地將臉部拉提起來。就像背著沉重背包時會感受到被往後拉的感覺一樣，就是要運用那樣的力量來拉提臉部。

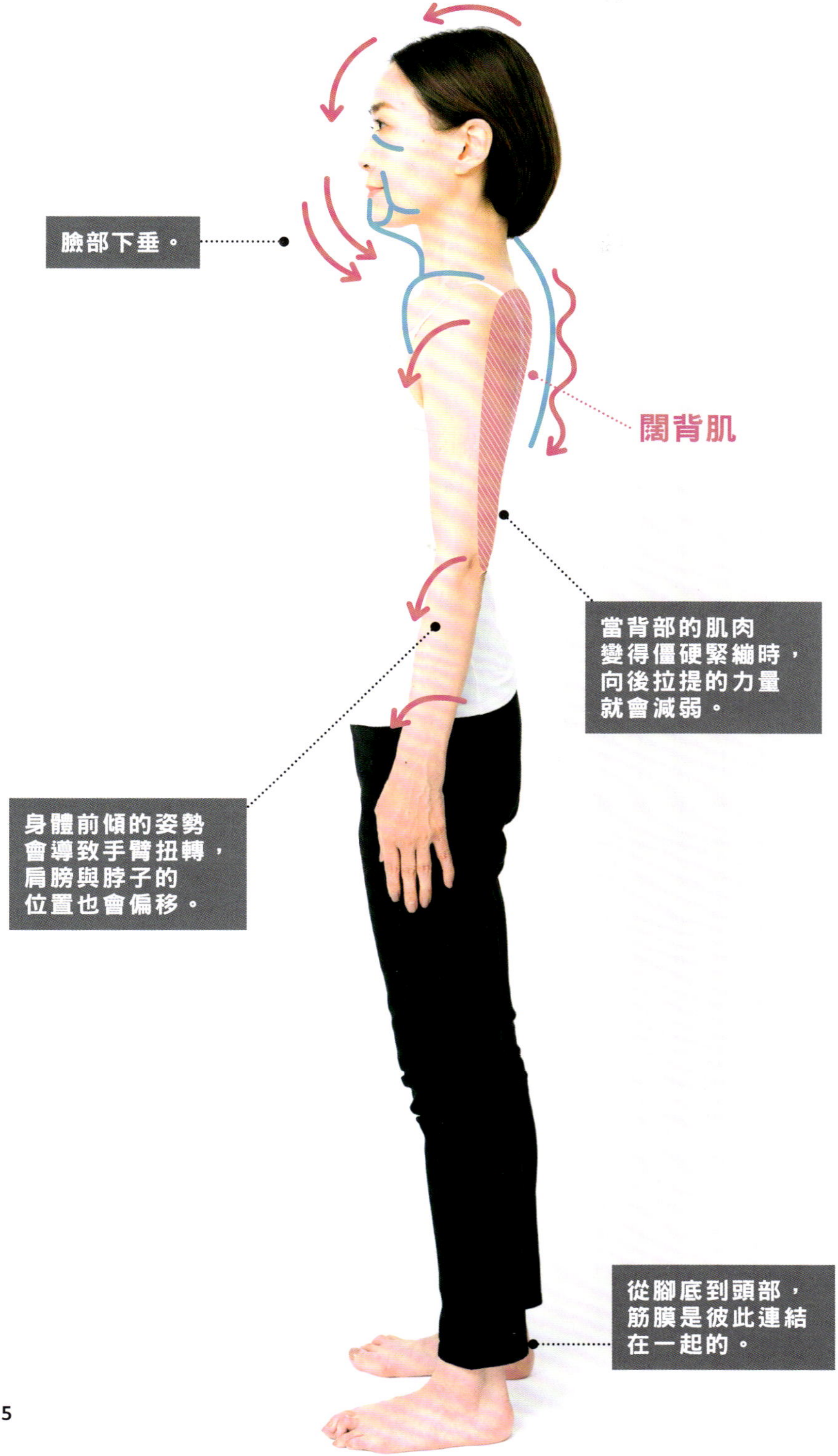

臉部下垂。
闊背肌
當背部的肌肉
變得僵硬緊繃時，
向後拉提的力量
就會減弱。
身體前傾的姿勢
會導致手臂扭轉，
肩膀與脖子的
位置也會偏移。
從腳底到頭部，
筋膜是彼此連結
在一起的。

長時間維持身體前傾的姿勢會使脖子僵硬，導致臉部下垂

駝背或肩膀向前內縮等不良姿勢若成為習慣，會導致脖子被往前拉扯而變得僵硬。這種狀態近年被稱為「直頸」或「手機脖」。由於頸部集中了粗大的血管與淋巴，當出現僵硬時，就會造成循環不良，進而引起臉部鬆弛與下垂。

當脖子前伸時，為了讓臉部回到正確的位置，頭部與臉部的肌肉會出力支撐，導致變得僵硬緊繃。結果便是咬肌收縮，下巴被向下拉扯，使得臉部鬆弛、變大。頸部粗大的肌肉「胸鎖乳突肌」與鎖骨相連，當這些部位緊繃時，會阻礙鎖骨周圍淋巴的流通，進一步加重浮腫。

此外，前傾的姿勢會讓胸口受到壓迫，導致包圍肋骨的呼吸肌也變得僵硬，使呼吸變淺。氧氣無法充分供應時，容易引起注意力不集中、疲勞等身體不適，甚至加速老化。

不僅是背部，頸部的僵硬也需要好好舒緩，才能增強臉部的拉提力與維持力。

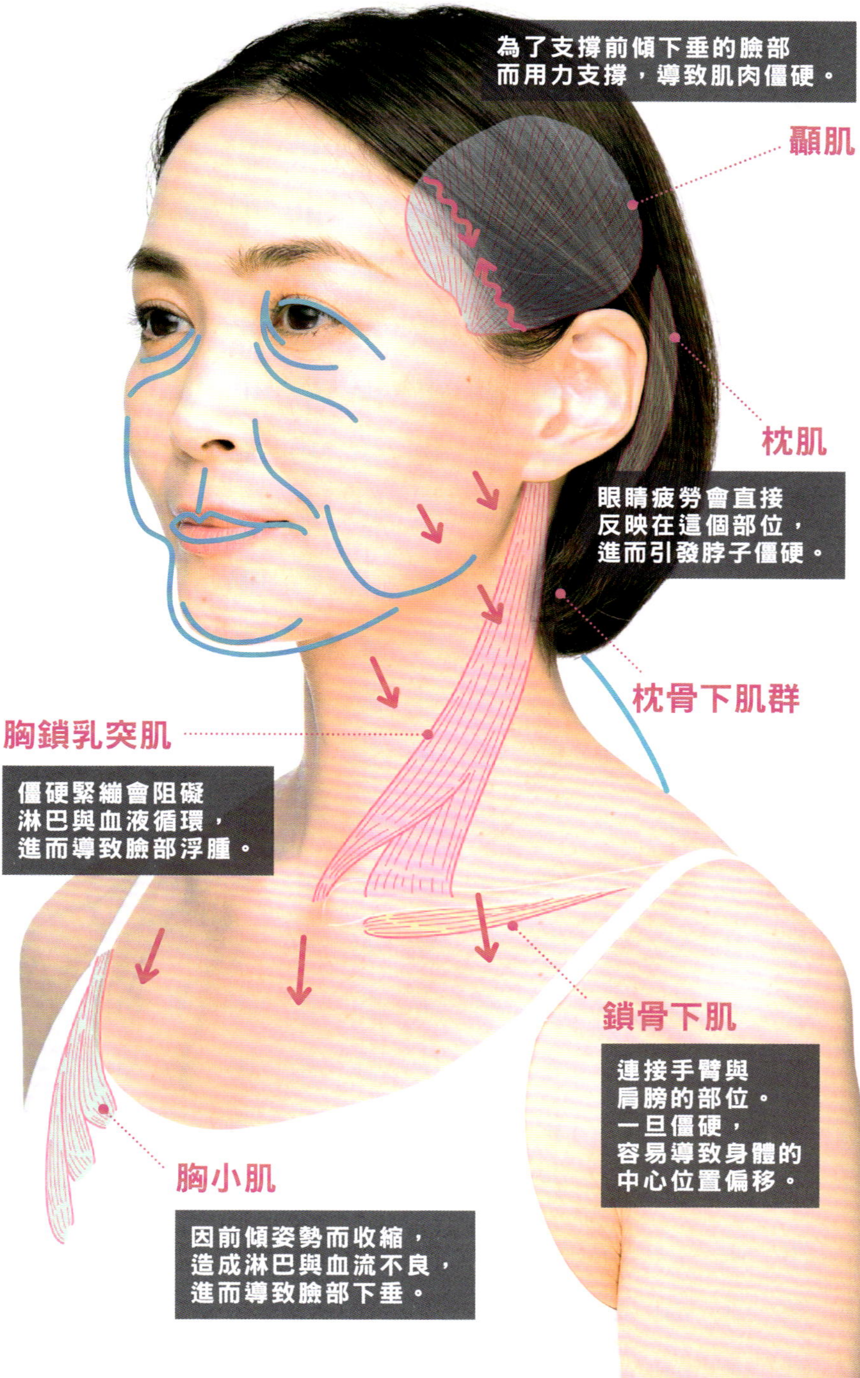
為了支撐前傾下垂的臉部
而用力支撐，導致肌肉僵硬。
顳肌
枕肌
眼睛疲勞會直接
反映在這個部位，
進而引發脖子僵硬。
枕骨下肌群
胸鎖乳突肌
僵硬緊繃會阻礙
淋巴與血液循環，
進而導致臉部浮腫。
鎖骨下肌
連接手臂與
肩膀的部位。
一旦僵硬，
容易導致身體的
中心位置偏移。
胸小肌
因前傾姿勢而收縮，
造成淋巴與血流不良，
進而導致臉部下垂。

疏通脖頸阻塞，消除浮腫

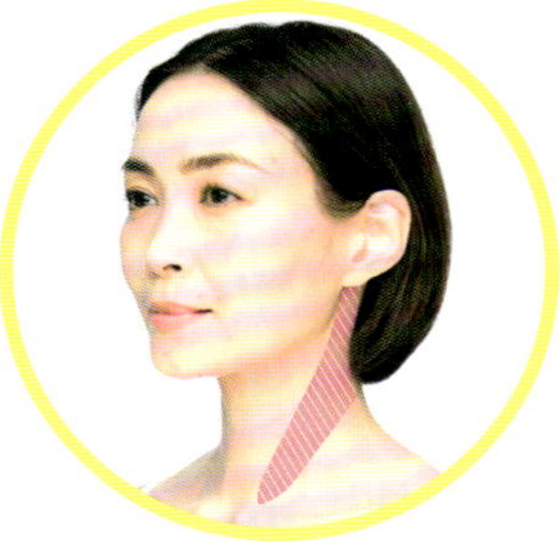

放鬆胸鎖乳突肌的緊繃，促進淋巴流動

長時間維持前傾姿勢時，為了支撐頭部，脖子的肌肉會變得緊繃，導致淋巴與血液循環不良。透過放鬆連接後腦與鎖骨的粗大肌肉——胸鎖乳突肌，能改善這種阻塞狀態。

1

抓住胸鎖乳突肌，輕輕歪頭

當脖子往旁邊傾斜時，浮現出來的肌肉就是胸鎖乳突肌。用拇指放在前側，其餘四指放在後側，夾住胸鎖乳突肌。將脖子朝手的方向傾斜，會更容易抓住這條肌肉。

2

保持歪頭姿勢，重複點頭與搖頭動作

在抓住胸鎖乳突肌的狀態下，輕輕地「點頭」、「搖頭」，同時施加壓力。這樣可以幫助筋膜鬆開，改善阻塞的情況。另一側也以同樣方式進行。

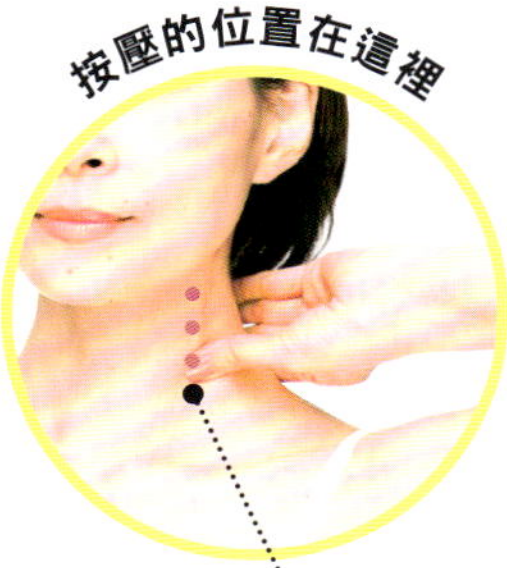

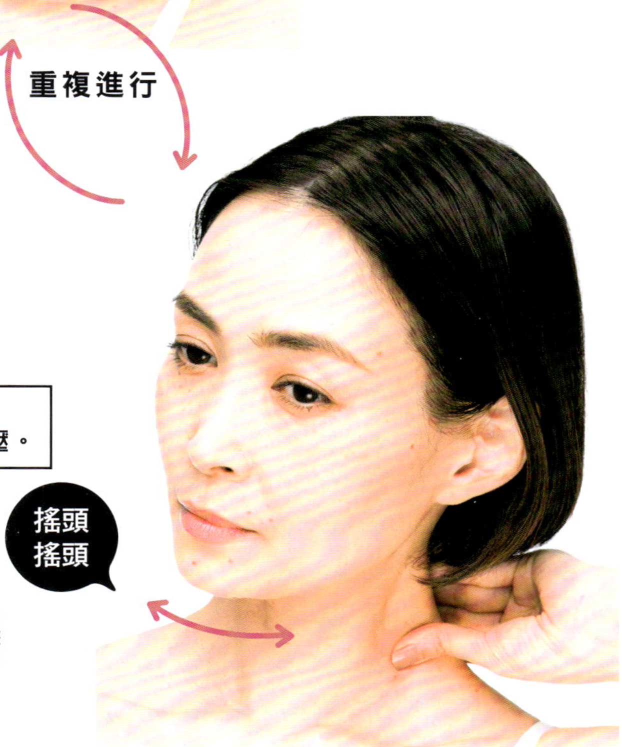

Point!

變換拇指的位置，
共進行3個部位的按壓。

1個部位
「點頭」
「搖頭」
×
10次

消除頭部根部的阻塞，拉提整張臉

放鬆因眼睛疲勞而僵硬的後腦部

穩定頭部位置的枕骨下肌群，是眼睛疲勞會直接反映的部位。當這裡變得緊繃僵硬時，會削弱從後方拉提臉部的力量，因此需要好好放鬆這個區域。

1

揉捏枕骨下肌群

用手指輕輕捏住頭部根部的肌肉。如果因僵硬而難以捏起，可以稍微抬頭，就比較容易抓到。為了避免用力過度，也可以讓嘴巴微微張開。

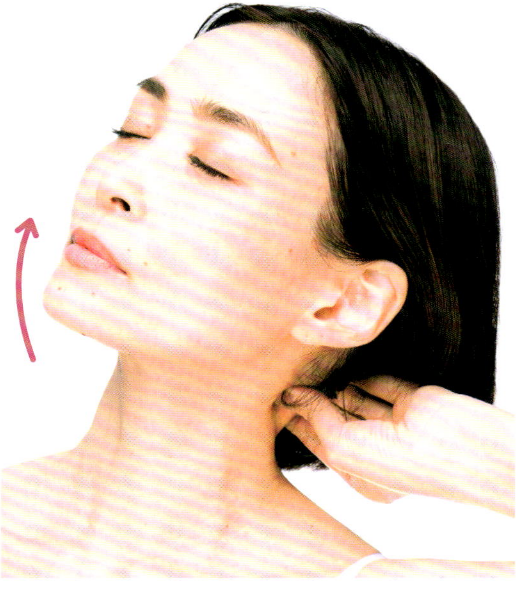

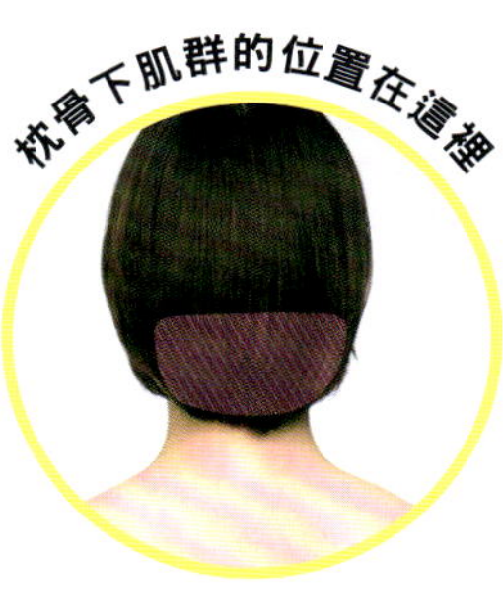

2

保持捏住的狀態，重複**點頭**與**搖頭**動作

捏住肌肉後輕輕抬起，再將脖子小幅度地左右搖動，做出「點頭」「搖頭」的動作，以此來放鬆僵硬的部位。可以換個位置繼續捏住，均勻地放鬆整個後腦部。

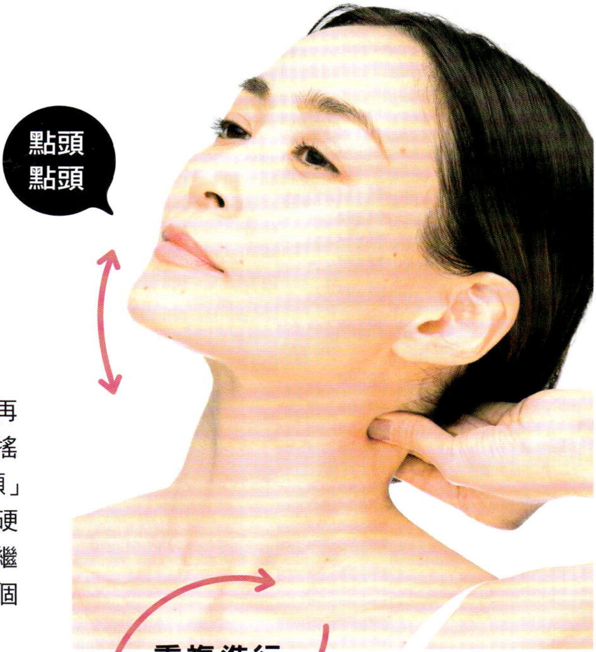

重複進行

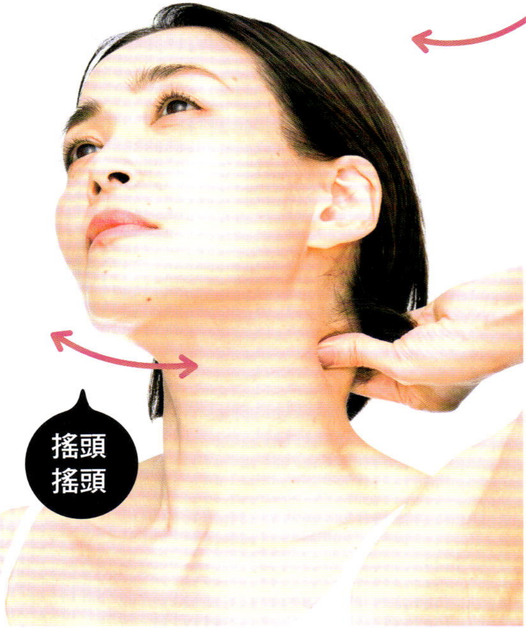

1個部位
「點頭」
「搖頭」
×
10次

恢復脖子後部的柔軟性

改善脖子的活動範圍，消除浮腫

如果在滴眼藥水時無法仰頭，可能表示脖子後部非常僵硬。這樣會導致臉部固定向前，並向橫向擴展。我們需要放鬆頭夾肌的緊張狀態。

要抓住這裡

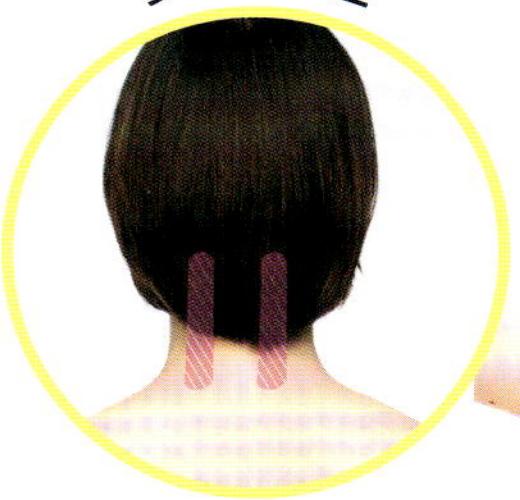

1

雙手抓住脖子後部

像抓住頸椎一樣，將脖子後部的肌肉集中起來。不要拉扯皮膚，而是要用指腹確實抓住肌肉。這點非常重要。

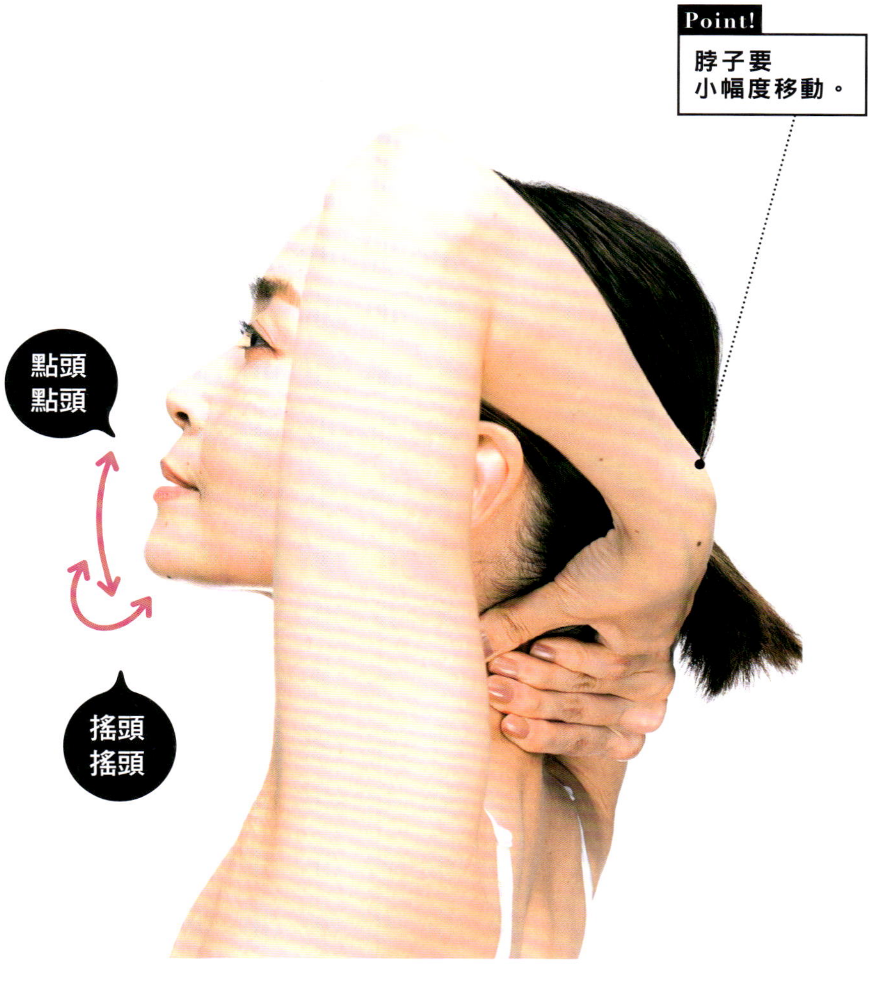
Point!
脖子要
小幅度移動。
點頭
點頭
搖頭
搖頭

2 抓住脖子後部，輕輕「**點頭**」與「**搖頭**」

輕輕抬起下巴，然後以小幅度「點頭」與「搖頭」，幫助放鬆脖部。為了避免用力過度，可以輕輕張開嘴巴，並保持呼吸順暢。

「點頭」
「搖頭」
×
10次

疏通鎖骨周圍的阻塞

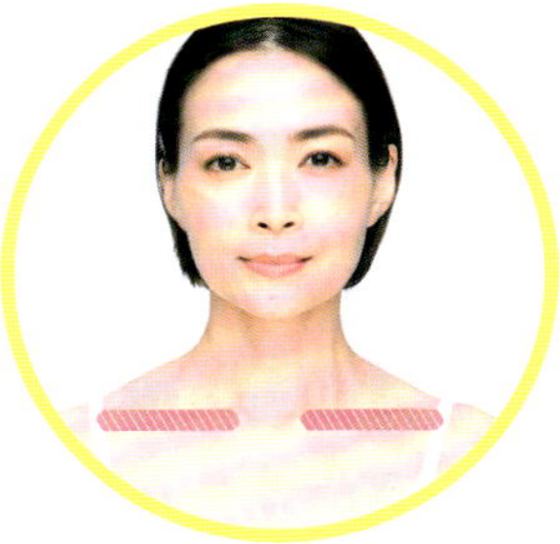

放鬆鎖骨下肌，讓身體的循環更好

鎖骨下肌位於鎖骨正下方。如果這裡變硬，肩胛骨的運動會受限，代謝變差。放鬆這裡的緊繃，不僅能解決下垂問題，還能讓原本隱藏的鎖骨線條變得更加清晰。

Point!

聳肩時更容易抓住。

1

用大拇指和食指**抓住鎖骨**

將大拇指掛在鎖骨上方的凹陷處，用食指抓住鎖骨下方的肌肉。如果覺得不好抓，可以將脖子向側面傾斜並聳肩，這樣會更容易。

Zoom

將鎖骨抓住。

2 輕輕地左右移動以放鬆

抓住鎖骨，輕輕地左右搖動以放鬆。每次將位置移動約1公分，逐步放鬆鎖骨下肌的緊繃。進行時請保持呼吸穩定，另一側也以相同方式操作。

Point!
進行時請配合呼氣同時執行。
Point!
稍微變換位置，均勻地放鬆。
揉捏揉捏
1個部位「揉捏」×5次

舒展緊縮的胸部周圍，提升拉提力量

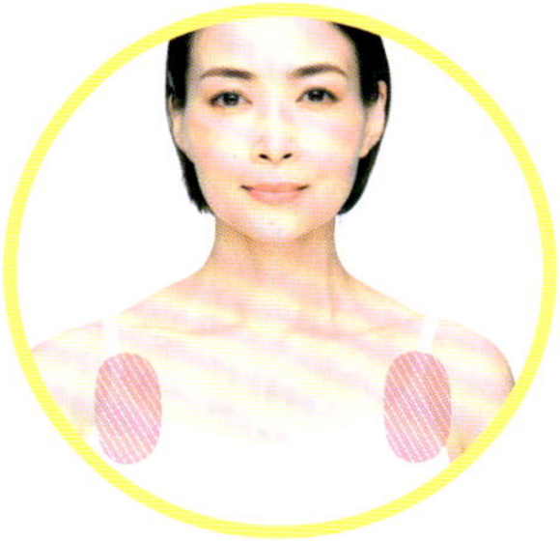

改善前傾姿勢，調整臉部位置

當背部彎曲時，胸部的肌肉會變得僵硬，影響淋巴的流動。此外，從背部拉提臉部的力量也會變弱，因此需要舒展胸小肌來改善姿勢。

1

抓住胸小肌

胸小肌位於胸罩肩帶的位置。用拇指和食指緊緊抓住這一帶。當姿勢不正確時，肌肉會被拉向前方，胸小肌也會變得僵硬，呼吸變淺，因此舒展它會讓你感覺更輕鬆。

Point!

前傾身體，抓住胸小肌。

2 抓住胸小肌 並轉動肩膀

面對前方，保持抓住胸小肌的同時轉動肩膀。以肩胛骨為中心，想像從肩胛骨開始，將肩膀向後、向前轉動。過程中可變換抓住胸小肌的位置。

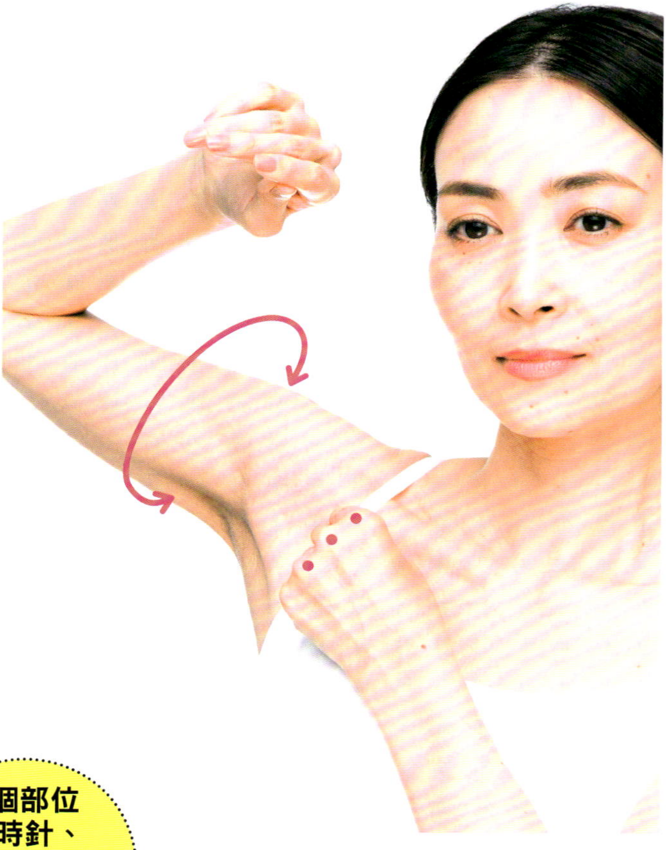

**1個部位
順時針、
逆時針
×
各10次**

重置**手臂的扭曲**，改善下垂

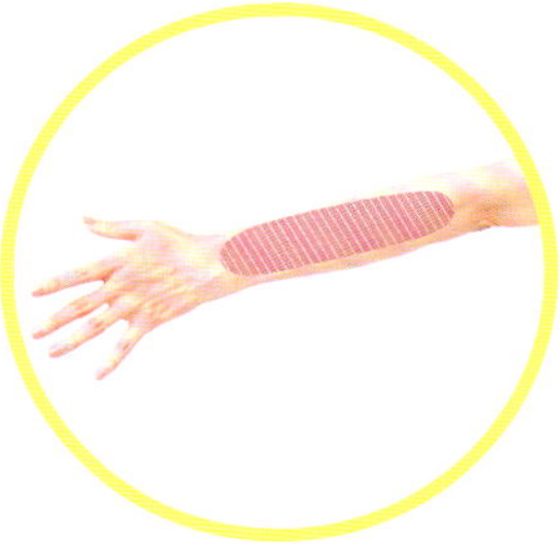

解開與背部緊繃相關的手臂扭曲

許多人在操作手機、做家務或進行桌面工作時，手臂會感到疲勞。前傾姿勢會導致手臂扭曲，進而引發肩膀與背部的緊繃，並成為臉部下垂的原因。

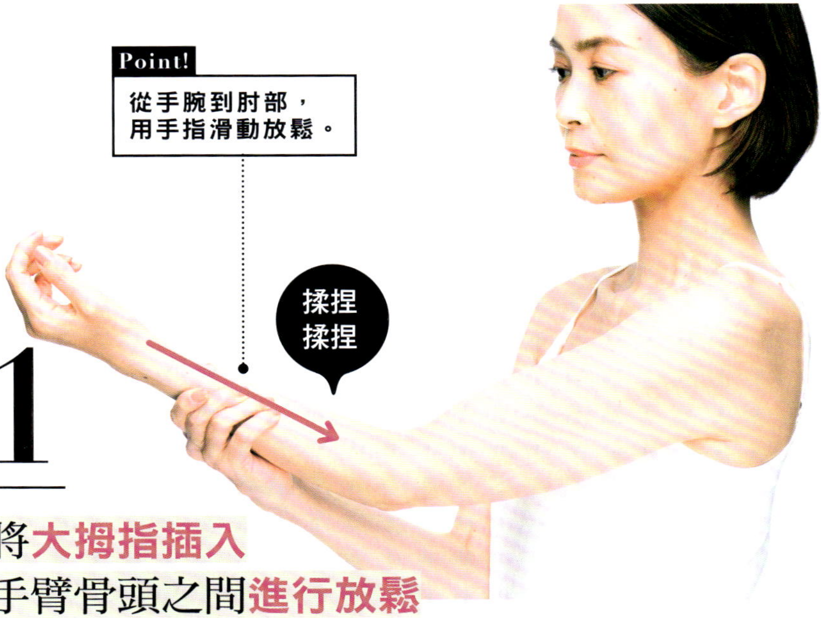
Point!
從手腕到肘部，
用手指滑動放鬆。
揉捏
揉捏

1

將**大拇指插入**手臂骨頭之間**進行放鬆**

將另一隻手的大拇指插入手臂大拇指側和小指側兩根骨頭之間，從手腕到肘部進行放鬆。由於手肘下方的部位容易變硬，因此可用大拇指做「揉捏」動作，充分放鬆該區域。

10秒

2

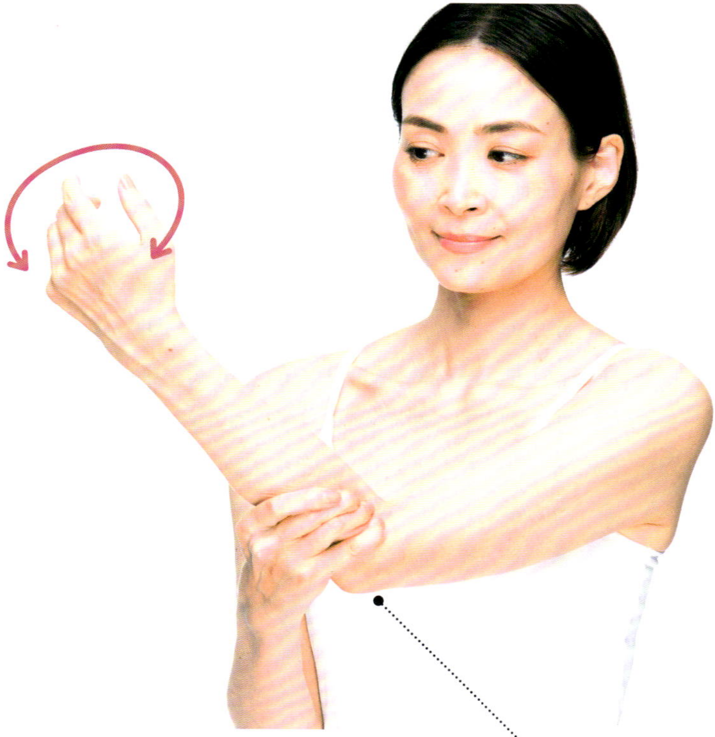

從小指帶動手臂旋轉

在按住手肘下方的同時，從小指開始轉動手臂來放鬆。由於從小指到肩胛骨是透過筋膜相連的，這樣能舒緩背部的僵硬，使臉部更容易被拉提上去。

Point!

記得要在按住手肘下方的狀態下進行。

順時針、逆時針 × 各10次

放鬆僵硬的手部，改善駝背

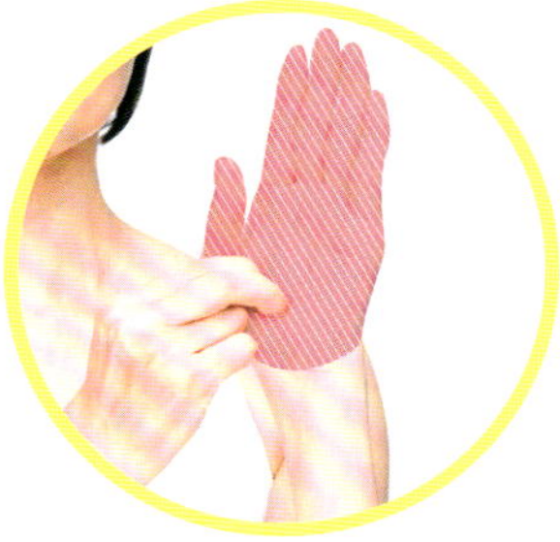

舒緩久坐辦公桌的疲勞，從手開始進行拉提

愈來愈多人在長時間使用電腦或手機後，會出現手指難以伸展的情況。手部的僵硬也是導致姿勢不良的原因之一，進而造成臉部鬆弛與水腫，因此應該經常加以放鬆。

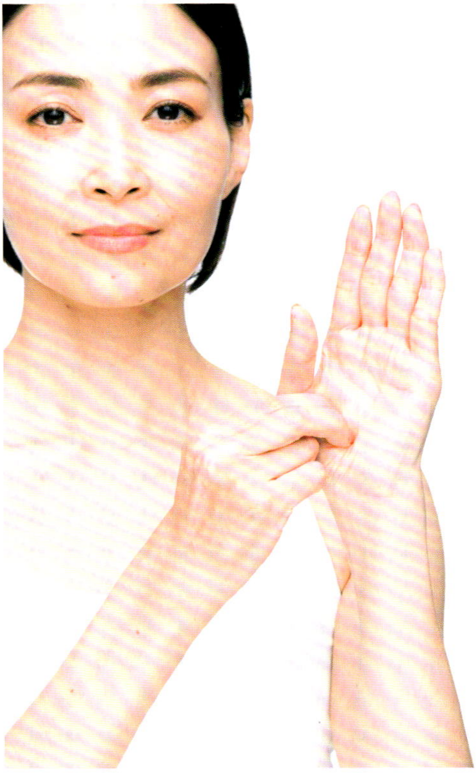

1

按壓 大拇指根部

平時最常使用的是大拇指和食指。要放鬆這個部位的僵硬，可用另一隻手的食指與中指按住大拇指的根部。以「痛起來又有點舒服」的強度固定住即可。

2 將手腕上下擺動，讓手自然輕擺

在按住大拇指根部的同時，將手腕上下輕輕擺動。可以想像成像在招手的感覺來進行這個動作。

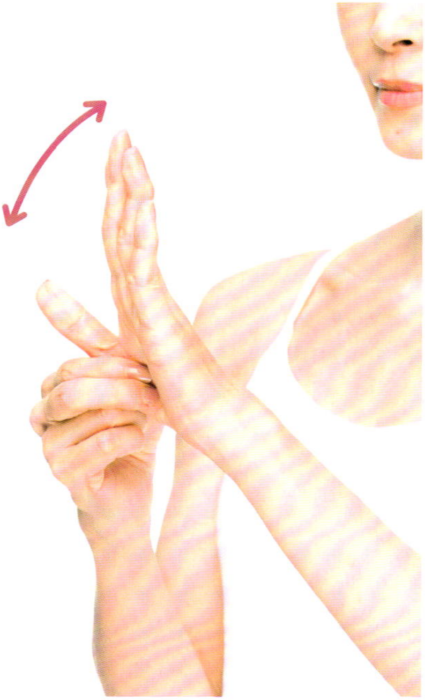

10次

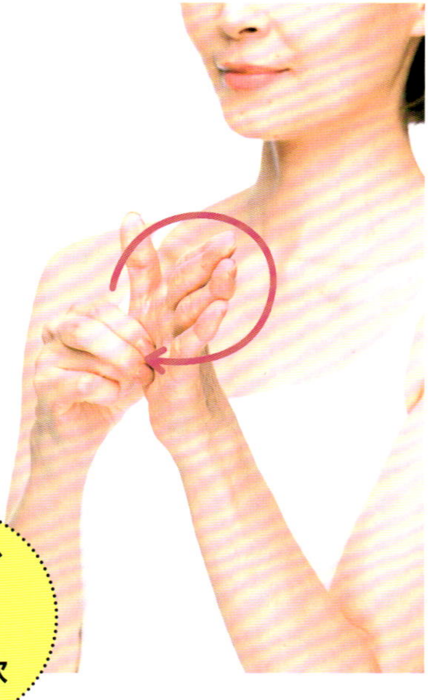

3 在按壓大拇指根部的同時旋轉手腕

固定住大拇指根部，從小指側開始轉動手腕。這樣可以放鬆大拇指側的緊繃，緩解手部的僵硬。另一側也以同樣方式進行。

順時針、逆時針×各10次

放鬆肋骨與背部的僵硬，提升拉提力

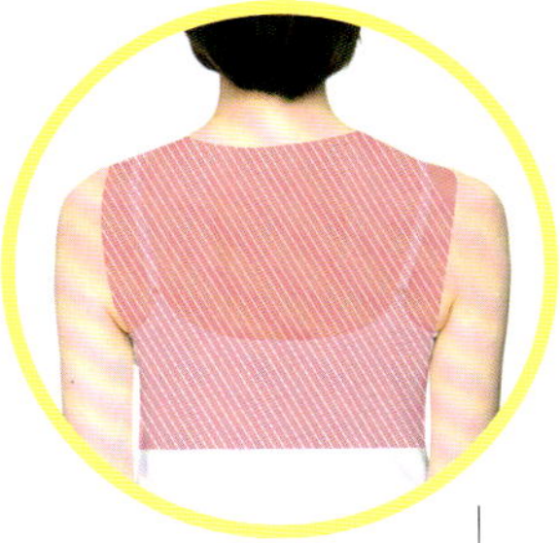

用空氣擦牆動作
來放鬆上半身的緊繃

解除因被往前拉扯而僵硬的背部緊張，從背面提升臉部輪廓。想像面前有一面牆，將手臂伸直，像在擦拭牆面般活動手臂，可改善肩胛骨與肋骨的活動度。

1

雙腳打開
與肩同寬，
單側手臂
筆直伸展

面向正前方站立，雙腳與肩同寬。右手筆直舉起並伸展。將重心移向伸展手臂的一側，並輕輕抬起另一側的腰部。

Point!

將重心偏向單側。

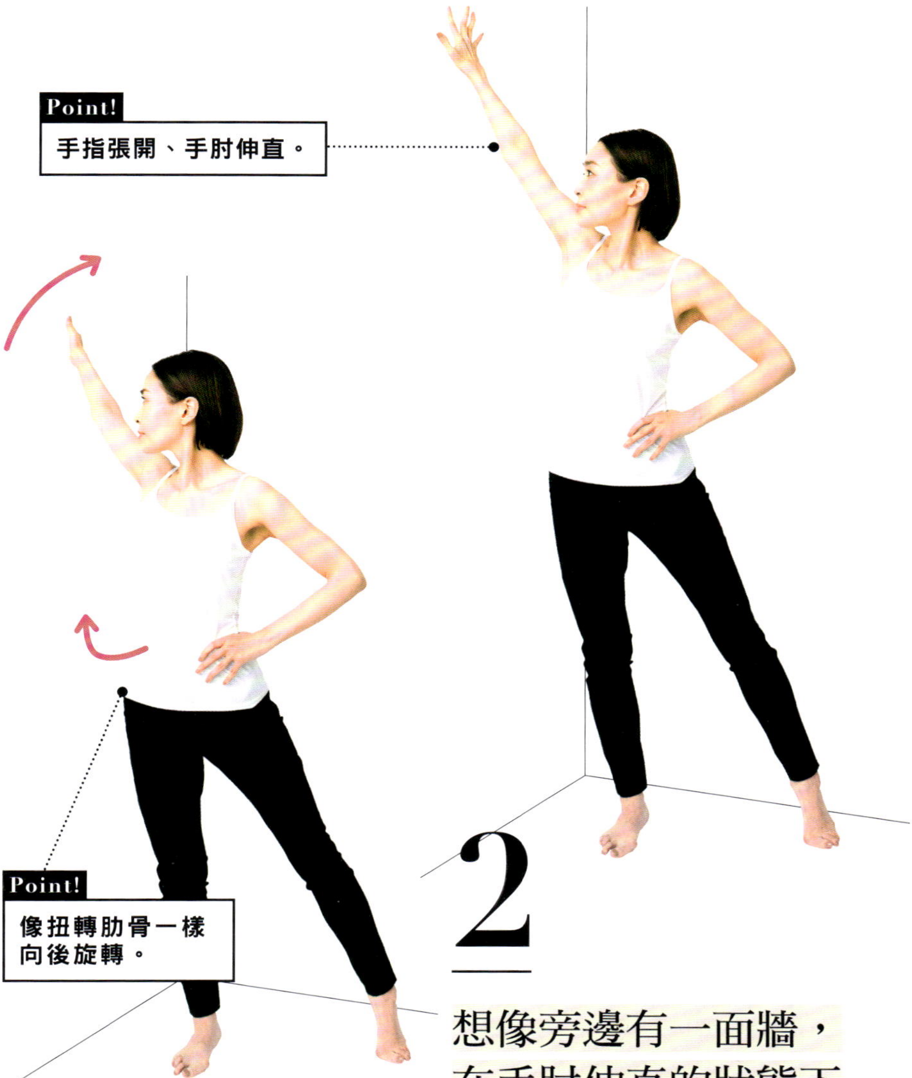
Point!
手指張開、手肘伸直。
Point!
像扭轉肋骨一樣
向後旋轉。

2

想像旁邊有一面牆，在手肘伸直的狀態下做**大範圍的擦拭動作**

想像身旁有牆壁，像用抹布擦拭每個角落一樣，將手臂從肩胛骨開始，大幅度地向後移動。重點是不要彎曲手肘，臉部與肋骨也要一起轉向後方。另一側也請用相同方式進行。

左右×各10次

從背部整體放鬆，從後方拉提輪廓

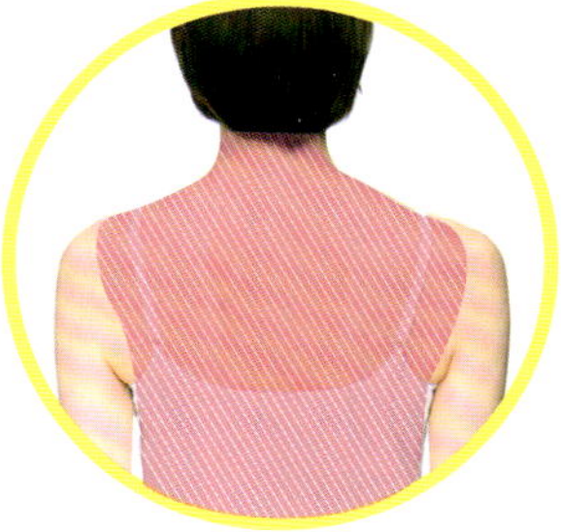

透過拉伸闊背肌，改善從脖子開始的歪斜

不良的姿勢會對頸部造成很大的負擔。當脖子往前傾時，下巴的活動會受限，進而導致臉部鬆弛。放鬆背部肌肉的緊繃，能有力地從背後拉提鬆垮部位。

1

坐在椅子邊緣，雙腳打開

坐在椅子邊緣，腳跟穩穩地踩在地板上。雙腿打開，雙手放在頭後。注意背部不要彎曲。

Point!

要坐在椅子邊緣。

2 像是往後倒一樣地動作，然後彎曲腹部，左手肘碰右膝

做出讓對角的手肘和膝蓋相碰的動作。首先輕輕地向後倒，再畫出半圓形般地彎曲腹部，讓左手肘碰到右膝。記得不要憋氣。

3 反方向也同樣進行

換成右手肘碰左膝。這個動作能夠伸展整個背部，有助於舒緩脖子和肩膀的僵硬，也能讓臉部線條緊緻上提。

左右×各10次

放鬆肩胛骨周圍，解除全身僵硬

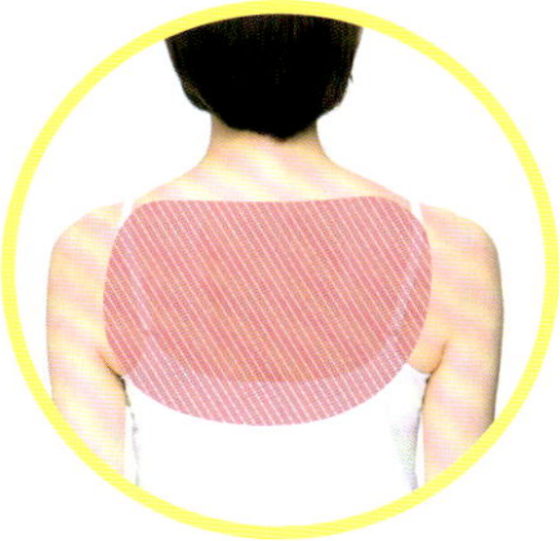

使用網球
深入放鬆肌肉深層

若想更輕鬆放鬆背部肌肉，推薦使用網球。仰躺後，將網球放在肩胛骨周圍，只要這樣靠著它，就能深層放鬆肌肉，促進全身循環。

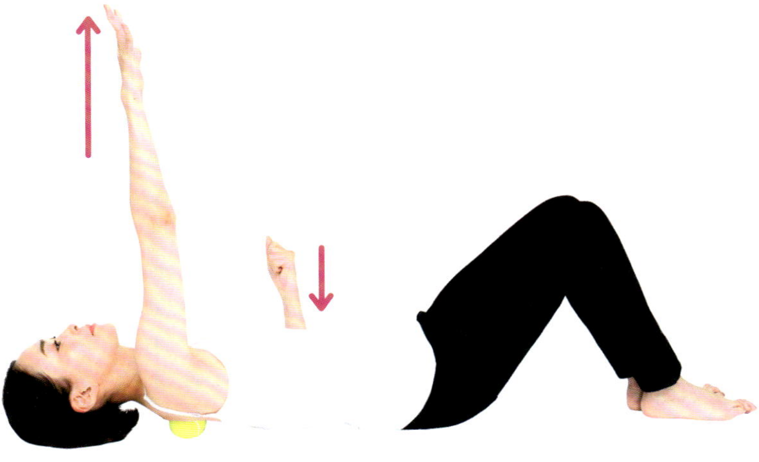

1 將網球放在背部，舉起一側手臂

仰躺並微微彎曲雙膝。將網球放在肩胛骨旁邊，當側的手臂手背朝向臉部，向上筆直舉起。另一側的手則手背朝向腳部握拳，同時向下拉伸。

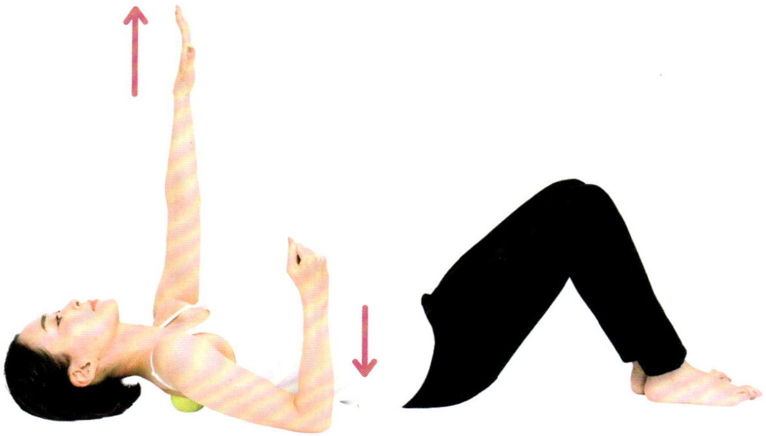

2 交替上下舉手臂，給予背部刺激

交替進行手臂的上下舉動，徹底放鬆肌肉。變換網球的位置後，重複相同的動作。透過身體的重量與手臂的運動，能深入放鬆肌肉深層，恢復彈性。

變換網球的位置，均勻放鬆

將網球放置於肩胛骨旁。使用一顆網球即可，依據位置的不同，約可操作8個部位。

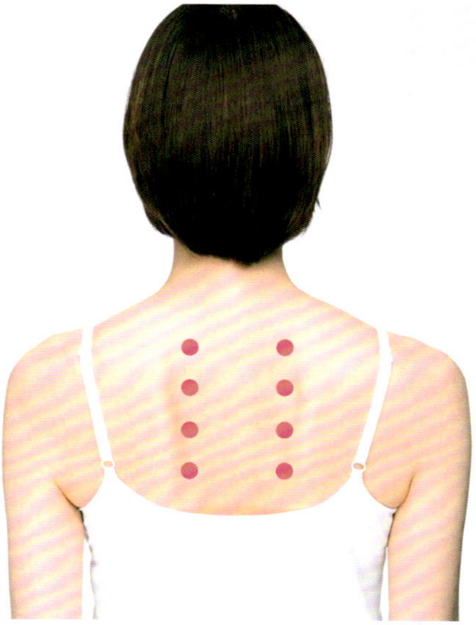

1個部位×10次

重置肩膀的歪斜

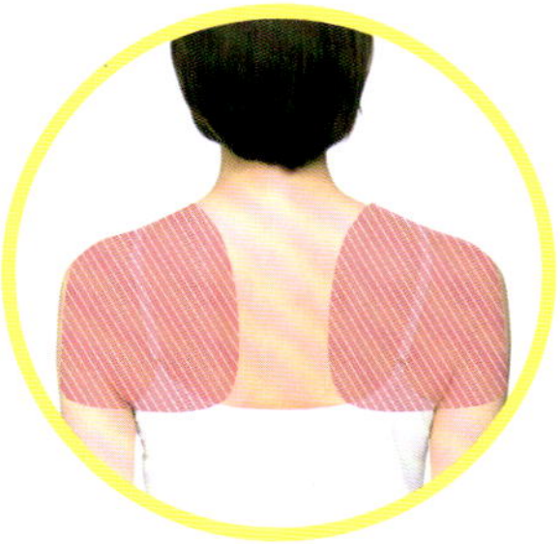

矯正手臂到肩膀的扭曲，解決圓肩問題

雖然人們通常不會意識到手臂的扭曲，但許多現代人正是因為手臂的扭曲，導致肩膀和背部的緊繃。透過矯正姿勢、疏通阻塞，能讓臉部恢復緊緻。

1 張開手指，伸直手臂

伸直肘部，將手臂舉至與肩同高。輕微張開手指，呈現「開掌」的形狀伸展。可以想像單手擺出「立正」的動作。

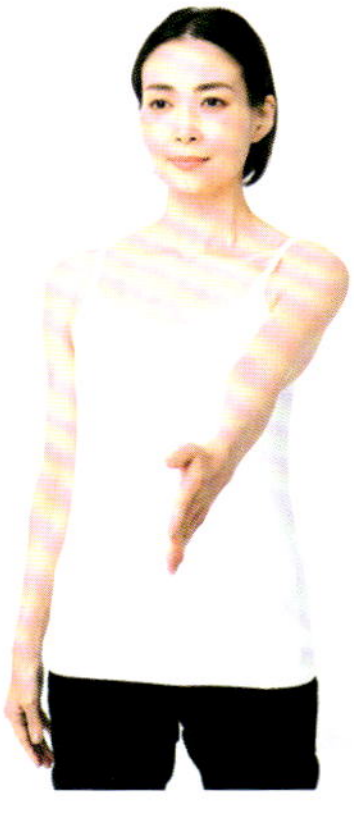

從正面看

2 手掌朝上並**旋轉手臂**

保持手肘伸直，旋轉手臂讓手掌朝上。
注意手臂的位置不要下垂。

從正面看

3 將手臂向後拉，並將**肩胛骨夾緊**

保持手掌朝上，將手臂放下並向後拉，專注感受肩胛骨的活動。依序完成第1至第3步驟，重複10次。另一側也以同樣方式進行。

左右×各10次

恢復頭頂的彈力，從頭皮進行拉提

鍛鍊帽狀腱膜，放鬆緊繃

頭頂部的帽狀腱膜緊繃，會導致額頭和上眼瞼的下垂。這個部位與從腳底到頭頂的筋膜相連，會影響全身，因此需要保持彈性。

Point!

用指腹抓住頭皮。

1

用指腹像耕地般按摩帽狀腱膜，進行放鬆

將手指張開，放在頭頂，抓住頭頂部。深入抓住頭皮，並輕微移動以放鬆筋膜。想像是在將筋膜從骨頭上剝離，注意不要摩擦頭皮。手指逐步移動，將整個頭頂區域都放鬆開來。

1個部位 × 10秒

2 在抓住頭部的同時，輕輕搖動脖子

用指腹抓住頭部的同時，輕輕橫向搖動脖子，做出「搖頭」的動作。這裡也要像剝離骨頭與筋膜那樣，將頭皮輕輕提起。隨著位置的變換，均勻地放鬆整個頭頂部。

Point!
施加壓力
並做搖頭動作。

1個部位
「搖頭」×5次

放鬆顳肌部位，提升下巴的緊緻感

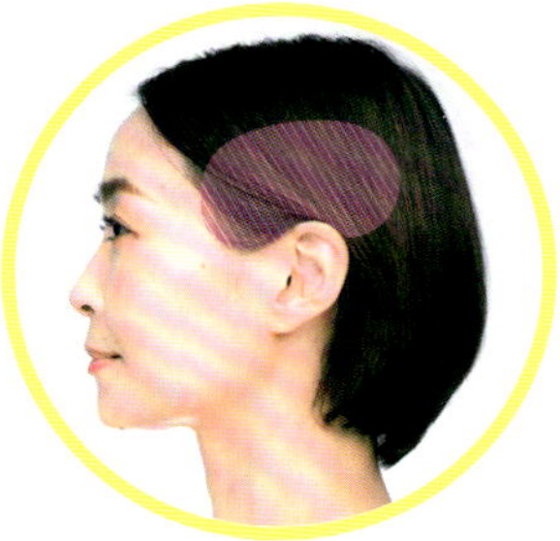

放鬆顳肌部位的緊繃，消除疲勞與壓力的表現

顳肌部位的緊繃通常會顯現出疲勞與壓力。如果顳肌僵硬，會導致臉頰與下巴下垂，並使法令紋更加明顯。這通常是因咬緊牙齒或眼睛疲勞所引起。透過放鬆這些部位、恢復彈性，可以有效改善下巴的鬆弛。

1

將拇指放在顳肌部位

將拇指的腹部輕輕放在顳肌部位，其餘四指放在後腦勺。從髮際線開始，輕輕將拇指壓在顳肌上，像拉提肌肉般地將頭皮輕輕提起。注意不要摩擦皮膚。

2

按住顳肌部位，進行「點頭」與「搖頭」的動作

在以大拇指施加壓力的同時，輕輕上下左右擺動脖子，進行「點頭」與「搖頭」的動作來放鬆。施加的壓力以感覺舒適為宜。可變換拇指的位置，重複相同的動作。

1個部位
「點頭」
「搖頭」
×
5次

Point!

可以按壓3個部位。

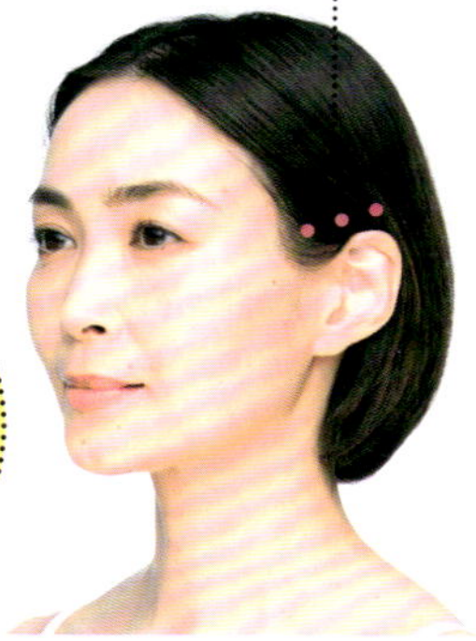

放鬆耳朵後方，促進頸部血流

對耳朵邊緣施加壓力，放鬆頸部根部的僵硬

由於前傾姿勢，耳朵後方的耳後肌容易緊繃。此外，長時間戴口罩也會使耳朵被向前拉扯，這裡是容易疲勞的部位。透過放鬆耳邊，可以讓後腦部更加放鬆。

將食指按在耳根處並移動

將食指按在後腦部耳根的位置，輕微地上下移動並施加壓力。指尖應像壓在骨頭上一樣，將筋膜的黏連剝開。這樣可以放鬆頸部緊張，也有助於矯正下巴的偏移。另一側也請用相同方式操作。

Point!
抓住邊緣並施加壓力。

1個部位×10次

PART | 5 |

延緩衰老速度

村木式「日常保養習慣」

人類每天都在細胞層面逐漸老化。但我相信，只要勤加保養，就能延緩老化速度，以及臉部與身體的鬆弛。每天確實重置疲勞、水腫與身體歪斜，是非常關鍵的。接下來，我將介紹我每天實踐的保養習慣。

維持飽滿上揚肌膚的祕訣，並非什麼特別的方法，而是每天一點一滴的用心

我在40多歲那年，經歷了一場大病，治療期間頭髮和肌膚全都變得一團糟。

如今的我已經50歲，卻經常被說：「看起來比10年前更年輕呢！」

我並沒有做什麼特別的保養，只是持續與自己的身體對話，每當出現不適時，就即時照顧它。除了村木式「抗鬆弛拉提術」之外，我也持續做一些簡單的自我保養。

在這個PART裡，我想和你分享一些我親身體驗過、既有效又能在家輕鬆持續進行的保養方法。即使像我一樣忙於工作與育兒，也能輕鬆維持，這些方法既簡單又實用。

而現在，身為50多歲的我，最深刻的體會就是：真正重要的，其實是「想要變美的那份意識」。只要有了這份意識，保養就會自然而然地持續下去，外在的老化也能因此延緩。

首先，請先持續2週試試看吧。相信你的臉與身體，都會有明顯的年輕變化。

不要因為做不到就放棄。
只要有意識地行動，大腦就會
發出指令，身體也自然受到鍛鍊。

在被窩裡
先拉提臉部再起床

即使在睡覺時，身體也會在無意識中處於緊繃狀態，進而產生僵硬。起床後立刻放鬆僵硬部位、促進循環，有助於預防鬆弛與下垂。

伸展睡眠時縮起的背部，重置胸椎

背部僵硬會使脊柱部分的胸椎周圍變得僵硬，導致呼吸變淺、代謝下降。可嘗試彎曲一側膝蓋側躺，雙手向前伸直，將上方的手臂大幅度向後打開，放鬆背部。搭配深呼吸，讓氧氣流通全身。

放鬆髖關節與腰大肌，讓行走更加順暢

平躺時抱起一側膝蓋，伸展從臀部到大腿後側。這能舒緩髖關節周圍的緊繃，也讓負責抬腿的肌肉——腰大肌，活動得更順暢，有助於預防絆倒與跌倒。

消除頭部緊繃，預防雙頰凹陷

雙頰凹陷也是顯老的跡象之一。當顳肌僵硬收縮時，太陽穴與雙頰會向外凸起，反而讓顳部與雙頰下方看起來凹陷。可透過輕柔按壓顴骨周圍肌肉來保養。

保持仰躺姿勢，將手掌根部貼在顴骨上，小指順著耳朵上方貼緊，輕輕張開嘴巴，緩緩施加壓力。

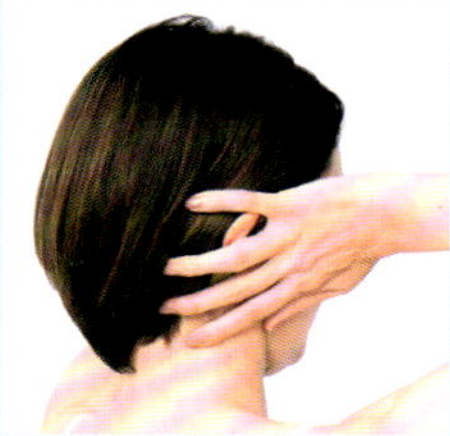

手的位置如圖所示！

以像是將頭拔起來的感覺輕輕拉提，重置頸部的阻塞感

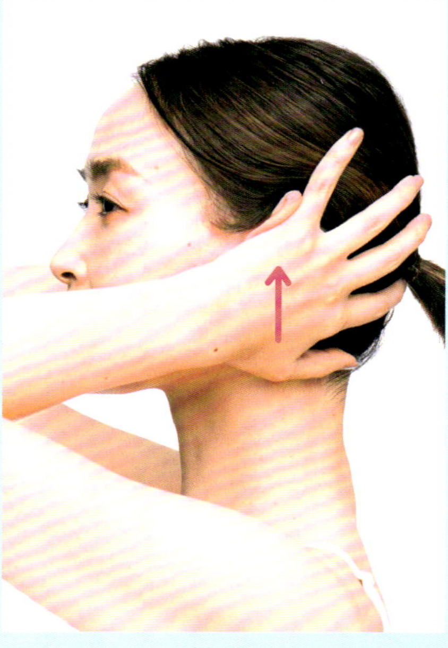

頸部的阻塞是造成臉部鬆弛的根源。將小指貼在耳朵邊緣，拇指扣住枕骨處，輕柔地將頭部提起，釋放頸部壓力。我自己是在躺在被窩中時進行這個動作的。

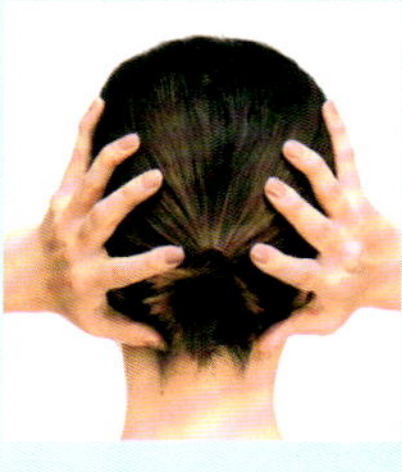

從背後看的樣子是這樣！

持續喚醒身體的日常小習慣

即使不特別安排美容時間，日常生活中的每一個動作，都能成為邁向美麗的步驟。首先，請有意識地將這些動作培養成習慣。

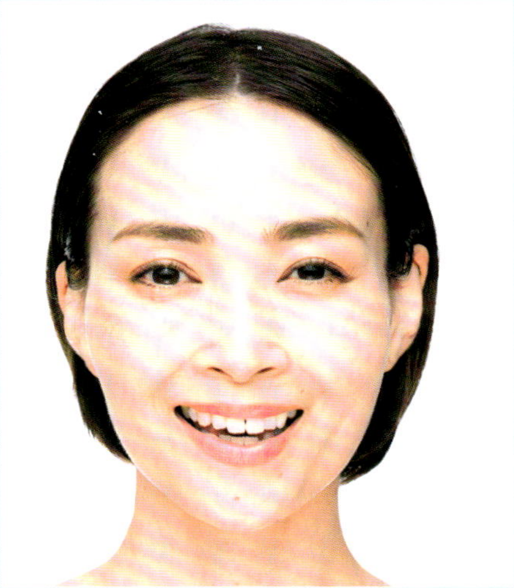

☑

有意識地用「欸」的嘴形說話

說話時刻意做出上排牙齒露出來的「欸」的嘴形，可以活化雙頰的表情肌，有助於預防鬆弛。若能進一步意識到將上顎的骨頭抬高1～2毫米，效果會更好。

☑

勤補水，讓細胞澎潤起來

細胞每天都在流失水分，因此補充水分非常重要。我習慣經常飲用加入些許冷水的溫開水。由於綠茶等含咖啡因的飲品具有利尿作用，會將體內水分排出，所以我選擇無咖啡因的飲品。

不要憋氣！要徹底吐氣，再大口吸氣

當身體緊張時，呼吸會不自覺地停止或變淺，進而導致自律神經失調，引發焦躁或身體不適。請有意識地發出「哈——」的聲音徹底吐氣，讓氧氣充滿全身。

Point!

按摩肋骨，讓橫膈膜運作順暢，有助於更順利吸氣。

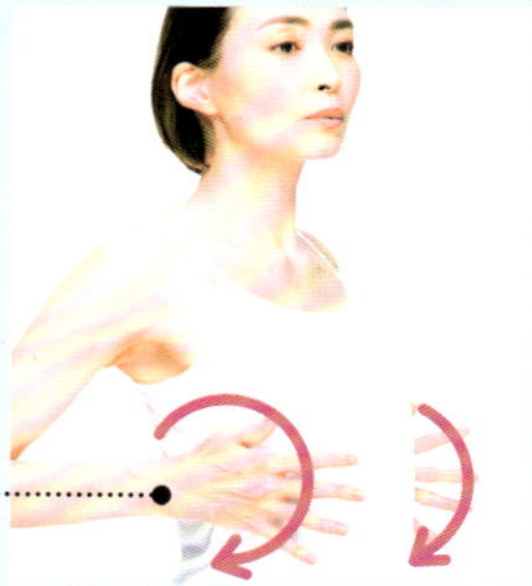

在餐點中額外加入一樣蛋白質，促進生長激素分泌

蛋白質對生成讓肌膚有彈力的膠原蛋白，以及促進生長激素分泌，是不可或缺的。以50多歲女性為例，建議每日攝取量為68～98公克。我除了飲用蛋白粉，最近也會在日常飲食中額外加入一道含蛋白質的料理，像是水煮蛋或滷豆類等簡單食物都很適合。建議每餐都養成這樣的習慣。

用泡澡習慣
來重置一天的老化

浴室是消除當天浮腫與身體歪斜等老化原因的絕佳場所。透過溫暖身體、解除疲勞，也能提升睡眠品質。

☑

充分放鬆雙腳，重整身體歪斜

白天支撐全身的雙腳，若因疲勞而變得僵硬，足底的足弓可能會坍塌，導致全身平衡失調，進而引起臉部下垂。請將手指穿插進腳趾中，另一隻手依序固定大拇趾根部、足弓、腳踝與腳跟，同時轉動腳踝。順時針與逆時針方向各做10次。

＼ 大拇趾根部 ／

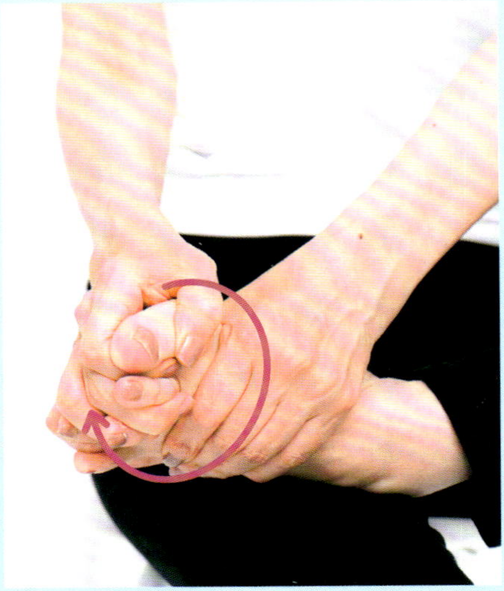

＼ 腳跟 ／

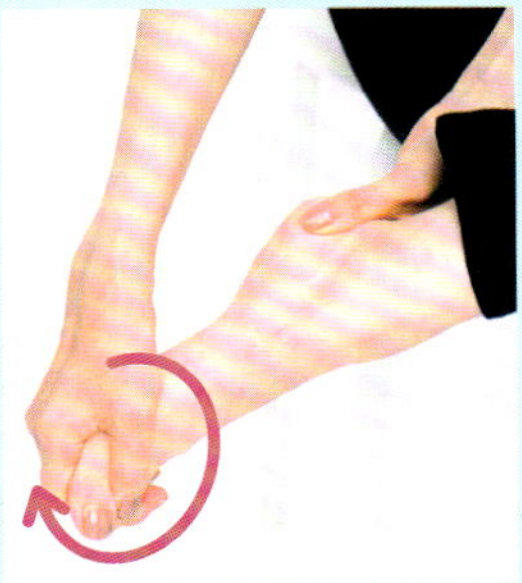

＼ 腳踝 ／

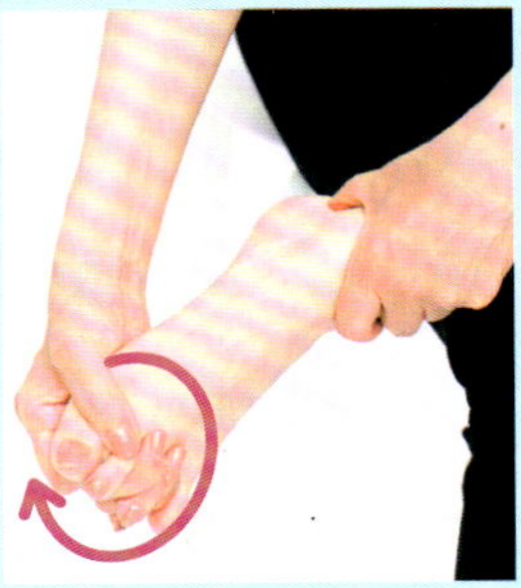

＼ 腳掌心 ／

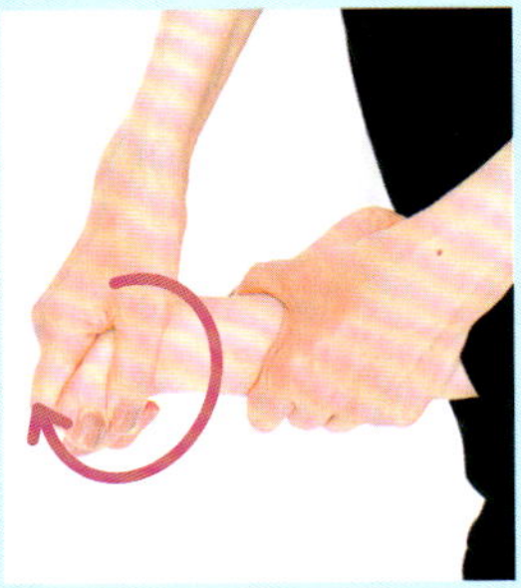

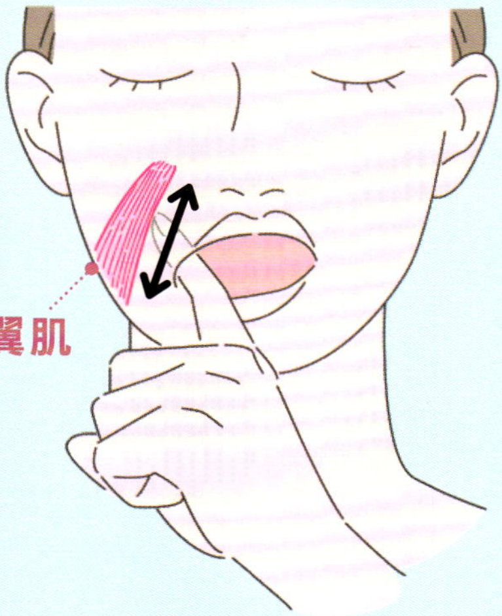

放鬆內翼肌，擴展口腔

內翼肌是咀嚼時使用的肌肉之一，經常咬緊會使這塊肌肉縮短。由於它位於口腔深處，因此從口腔內部放鬆比從臉部表面更有效。可用乾淨的食指輕輕撫摸臉頰內側，幫助放鬆緊繃。這樣不僅能促進唾液分泌，也有助於提升免疫力。

使用有助於放鬆肌肉的沐浴劑來消除全身疲勞

我使用的是含有鎂成分的沐浴劑，有助於放鬆肌肉。由於疲勞與壓力會消耗體內的鎂，除了從食物中攝取外，皮膚也能有效吸收，因此使用含鎂的沐浴劑來放鬆身體是非常理想的選擇。

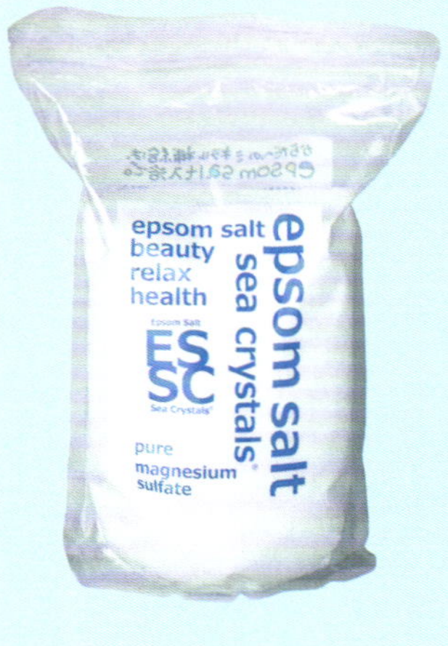

原料為來自海水的硫酸鎂，能夠從深層加熱身體，幫助放鬆肌肉緊繃。
Epsom Salt Sea Crystals Original 2.2kg（約14次使用量）附贈計量匙
1,362日圓（含稅）／Hirose

肌膚和頭髮不會乾燥，保持豐盈感的護髮與護膚

不只是要改善鬆弛，維持水潤光澤的肌膚才是年輕的關鍵。頭髮的保養也不能忽視。

化妝前的「**捏鼻子**」讓臉部浮腫消失

捏住鼻翼有助於改善鼻部浮腫。這個簡單的動作就能讓臉部輪廓更加分明，非常適合早晨時間緊迫時使用。拍照、上妝前或要站在鏡頭前時，也可以進行這個動作。

護膚要延伸至**脖子後方**！引領出無皺紋的柔軟頸部

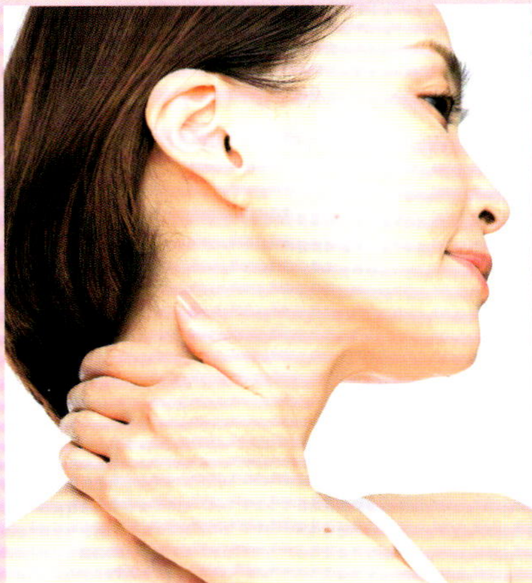

即使臉部鬆弛獲得改善，若頸部仍有皺紋，整體還是會顯老。化妝水與乳液請務必塗抹至脖子後方。同時別忘了防曬，避免紫外線破壞膠原蛋白的生成！

☑ 使用面膜防止肌膚乾燥，讓肌膚恢復豐盈水潤感

針對鬆弛的對策中，保濕是最基本的一步。不僅能提升緊緻感，也能預防肌膚粗糙，因此我會從外部給予充分滋潤。含有膠原蛋白與玻尿酸等具彈力效果的成分的面膜，是我絕對離不開的保養品。

〈上〉添加具有滲透力的玻尿酸結晶。Spa Treatment eX Loose Spicule & NMN 面膜組Loose Spicule 2.3g + 面膜8片，11,000日圓（含稅）
〈下〉採用貼合度極佳的特殊材質面膜。Spa Treatment NMN Stretch i面膜60片入，8,800日圓（含稅）／以上皆為Wave Corporation出品

☑ 改善毛躁與毛髮波浪，從髮絲展現年輕印象

老化的徵兆也會明顯表現在頭髮上。沒有光澤、毛躁的頭髮容易讓人顯得蒼老，因此應從每天的洗髮開始進行護理。雖然使用吹風機或離子夾能暫時撫平毛躁，但過於費工，倒不如從根本改善髮質著手。

針對因捲曲與受損所引起的毛躁進行修復。
〈左〉Aujua Inmmetry洗髮精250㎖，5,500日圓（含稅）
〈右〉Aujua Inmmetry護髮膜250g，6,600日圓（含稅）
／皆為Milbon（沙龍專賣品）

結語

每個人隨著年齡增長，臉部與身體自然會出現各種變化。這時候，我們可以選擇花點心思照顧自己，還是就此認命、放棄努力？在這個被稱為「人生百年時代」的現在，不只是50歲、60歲，哪怕是70歲、80歲，也都還太早，不該輕言放棄。

與其每天照鏡子時無奈地嘆氣，不如每天花幾十秒做些簡單的保養。不僅能讓自己展現神采奕奕的表情、變得更年輕美麗，也能提升整體生活品質。

女人無論幾歲，總是忙碌，很難真正擁有屬於自己的時間。我也一樣，每天都過得忙忙碌碌。也正因如此，我才設計出這套簡單又有即效性的保養方法。

村木式「抗鬆弛拉提術」是一套能針對不易察覺的鬆弛部位下手，幫助人們找回比十年前還更有魅力表情的方法。實際使用者也反映，下顎線條變得更緊緻，嘴角也自然上揚了。

只要持之以恆，不僅能拉提臉部鬆弛，還能改善全身氣血循環，有助於減緩頭痛、暈眩、便祕、手腳冰冷等女性常見的不適症狀。老化會表現在身體的每個角落，為了維持健康，也希望大家能持續實踐。

無論從幾歲開始都不嫌晚！但請不要等到明天，從今天、現在就立刻開始。因為身體每天都在悄悄衰退，唯有持續、穩定地努力，才是對抗老化的最佳方法。

若本書能成為你邁向美麗人生、自在享受每一刻歲月的助力，那將是我最大的榮幸。

二〇二三年八月

村木宏衣

10秒奇蹟拉提術
不靠醫美的自然逆齡可能

出　　版／楓葉社文化事業有限公司
地　　址／新北市板橋區信義路163巷3號10樓
郵政劃撥／19907596 楓書坊文化出版社
網　　址／www.maplebook.com.tw
電　　話／02-2957-6096
傳　　真／02-2957-6435
作　　者／村木宏衣
翻　　譯／邱佳葳
責任編輯／吳婕妤
內文排版／楊亞容
港澳經銷／泛華發行代理有限公司
定　　價／360元
初版日期／2025年8月

國家圖書館出版品預行編目資料

10秒奇蹟拉提術：不靠醫美的自然逆齡可能 / 村木宏衣作；邱佳葳譯. -- 初版. -- 新北市：楓葉社文化事業有限公司, 2025.08 面；公分

ISBN 978-986-370-834-6（平裝）

1. 美容 2. 按摩

425　　114008889

村木宏衣

抗老設計師。1969年出生於東京都。
曾在美容沙龍、整體院、美容醫療診所工作，並創立了獨樹一幟的「村木式整筋」方法。這是一種從肌肉、骨骼、淋巴著手的原創理論與手法，能針對拉提、小臉、美髮、體態雕塑等女性常見煩惱提供解決方案，是位美麗領域的專家。2018年，她創立了個人沙龍「Amazing beauty」。沙龍名稱的由來，是因為超級名模凱特·摩絲在接受她的施術時，讚嘆地說出「Amazing！」而命名。她的技術在國際間也備受肯定，受到許多女演員、模特兒與名人們的高度支持。目前除了從事沙龍服務與一對一整筋指導外，也積極參與演講活動，並活躍於各類媒體。著有《奇跡の頭ほぐし》《奇跡の目元ほぐし》（皆由主婦の友社出版）。其親自授課的「村木式整筋方法」指導員培訓課程也廣受好評。
Instagram @hiroi_muraki

STAFF

●書籍設計／
細山田光宣・奥山志乃
（細山田デザイン事務所）
●攝影／佐山裕子（主婦の友社）
●妝髮／
福寿瑠美（PEACE MONKEY）、中山ゆかり
●模特兒／西原英理子
●插圖／佐藤末摘
●構成・取材・文字／岩淵美樹
●編輯／野崎さゆり（主婦の友社）